我的家庭实验室

（上）

[法]戴尔芬·葛林堡等/著

[法]奥雷利·杰罗里等/绘

张玉雪等/译

天津出版传媒集团

新蕾出版社

图书在版编目 (CIP) 数据

我的家庭实验室 . 上 /（法）戴尔芬·葛林堡等著；
（法）奥雷利·杰罗里等绘；张玉雪等译 . -- 天津：新
蕾出版社，2018.11
ISBN 978-7-5307-6732-0

Ⅰ . ①我… Ⅱ . ①戴… ②奥… ③张… Ⅲ . ①科学实
验—儿童读物 Ⅳ . ① N33-49

中国版本图书馆 CIP 数据核字 (2018) 第 147035 号

书　名：我的家庭实验室（上）　WO DE JIATING SHIYANSHI（SHANG
出版发行：天津出版传媒集团
　　　　　新蕾出版社
　　　　　http://www.newbuds.cn
地　址：天津市和平区西康路 35 号（300051）
出版人：马　梅
版权引进：毕之莹　张　菁
责任编辑：张　菁
整体设计：白晓燕
责任印制：王其勉
电　话：总编办 (022)23332422
　　　　　发行部 (022)23332679　23332677
传　真：(022)23332422
经　销：全国新华书店
印　刷：山东德州新华印务有限责任公司
开　本：889mm×1194mm　1/16
字　数：140 千字
印　张：8
版　次：2018 年 11 月第 1 版　2018 年 11 月第 1 次印刷
定　价：78.00 元

目录

对不对，你说呢？ ················· 5
怎样选择实验？ ················· 6
怎样在实验中成功？ ············· 8

大挑战

1 把手帕放进水里而不湿！ ··········· 10
2 养护食虫植物 ················· 14
3 小纸张大显神威 ··············· 18
4 衣橱里的大钟 ················· 22
5 翻转装满水的杯子，不让一滴水跑出来！
·································· 26

有趣的身体

6 可能的动作？不可能的动作？ ······· 30
7 帮"机器人"穿衣服 ············· 32
8 变身为雕像 ················· 33
9 制作一个阿骨——小小骷髅人 ······· 34
10 像动物一样爬行 ··············· 36
11 你可以像鸟一样飞翔吗？ ········· 37
12 如果你动弹不得 ··············· 38
13 哪里有骨头和肌肉呢？ ··········· 40
14 不说话也能为小伙伴指路 ········· 42
15 感官小实验 ················· 44
16 你的脸蛋儿上起了大疙瘩吗？ ······· 46
17 哈哈镜 ····················· 47

植物不简单

18 如何唤醒沉睡的种子？ ··········· 48
19 小小四季豆，倒着种种看 ········· 50
20 不用泥土的种花术 ············· 51
21 小兵立大功，小种子举起大石头 ····· 52
22 打造迷你花园 ················· 54
23 创造蔬菜森林 ················· 56
24 认养植物 ··················· 58

你知道怎样选择实验吗？

请看第6页。

太空探索者

25 美丽星空探索之旅 ·················· 60

26 观察月亮 ·················· 62

27 像月球一样围着地球转 ·················· 63

28 到行星的世界去旅行 ·················· 64

29 制作一个梦幻星球 ·················· 66

30 梦幻星球上的白天和黑夜 ·················· 67

31 航天员们滑稽的生活 ·················· 68

32 像航天员那样训练 ·················· 69

声音的魔法

44 你所不知道的"声音世界" ·················· 90

45 谁是静悄悄国王？谁是闹哄哄国王？ ·················· 92

46 是谁躲在盒子里？ ·················· 94

47 让玻璃杯发出各种声音 ·················· 96

48 听梳子演奏音乐 ·················· 98

49 小颗粒随音乐起舞了 ·················· 100

50 声音能用手感觉吗？ ·················· 102

小小建筑师

33 这样能平衡吗？ ·················· 70

34 可以吃的房子 ·················· 72

35 建造金字塔 ·················· 74

36 打造森林小剧场 ·················· 76

37 在家里搭隧道 ·················· 78

38 小箱子变成宝藏屋 ·················· 80

39 给你的房间画一张图 ·················· 82

40 这样会跌倒吗？ ·················· 84

41 奇妙的建筑 ·················· 85

42 平衡游戏 ·················· 86

43 做一个"杂技演员" ·················· 88

无处不在的空气

51 让看不见的空气"现身" ·················· 104

52 发射气球火箭 ·················· 106

53 你能看见空气吗？ ·················· 108

54 风中行船 ·················· 109

55 用风画画 ·················· 110

56 让小球悬浮在空中 ·················· 111

57 制作空气罩 ·················· 112

58 用吸管运水 ·················· 114

59 阻止有孔的水瓶漏水 ·················· 115

60 让酸奶杯在气流上滑行 ·················· 116

实验报告 ·················· 119

答案 ·················· 127

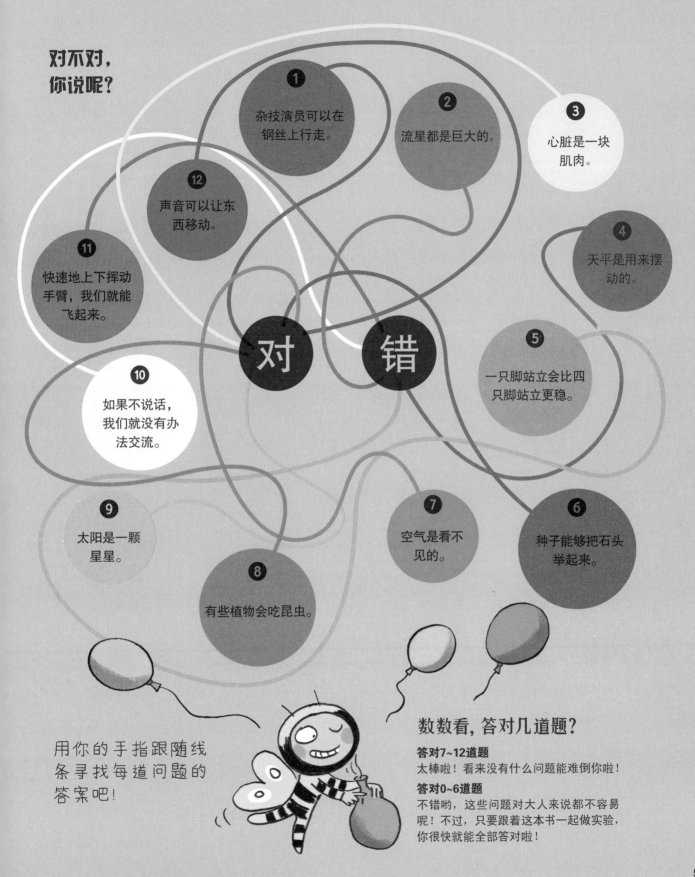

对不对，你说呢？

① 杂技演员可以在钢丝上行走。

② 流星都是巨大的。

③ 心脏是一块肌肉。

④ 天平是用来摆动的。

⑤ 一只脚站立会比四只脚站立更稳。

⑥ 种子能够把石头举起来。

⑦ 空气是看不见的。

⑧ 有些植物会吃昆虫。

⑨ 太阳是一颗星星。

⑩ 如果不说话，我们就没有办法交流。

⑪ 快速地上下挥动手臂，我们就能飞起来。

⑫ 声音可以让东西移动。

对　错

用你的手指跟随线条寻找每道问题的答案吧！

数数看，答对几道题？

答对7~12道题
太棒啦！看来没有什么问题能难倒你啦！

答对0~6道题
不错哟，这些问题对大人来说都不容易呢！不过，只要跟着这本书一起做实验，你很快就能全部答对啦！

怎样选择实验？

如果你还在犹豫先做哪些实验，那就看看路路和他的小伙伴们给出的建议吧！

简单！

5个简单的实验

7 帮“机器人”穿衣服
12 如果你动弹不得
29 制作一个梦幻星球
37 在家里搭隧道
55 用风画画

哇，太美啦！

5个神奇的实验

17 哈哈镜
20 不用泥土的种花术
23 创造蔬菜森林
25 美丽星空探索之旅
48 听梳子演奏音乐

好好思考一下！

5个超级智力游戏

35 建造金字塔
46 是谁躲在盒子里？
47 让玻璃杯发出各种声音
58 用吸管运水
59 阻止有孔的水瓶漏水

魔法？不，这是科学！

5个令人惊讶的实验

1 把手帕放进水里而不湿！
3 小纸张大显神威
4 衣橱里的大钟
5 翻转装满水的杯子，不让一滴水跑出来！
43 做一个“杂技演员”

5个可以和小伙伴们一起做的实验

- ⑭ 不说话也能为小伙伴指路
- ㉘ 到行星的世界去旅行
- ㉜ 像航天员那样训练
- ㉒ 发射气球火箭
- ⑩ 让酸奶杯在气流上滑行

自己一个人做！

5个独自一人也能做的实验

- ⑬ 哪里有骨头和肌肉呢？
- ⑯ 你的脸蛋儿上起了大疙瘩吗？
- ⑲ 小小四季豆，倒着种种看
- ㉑ 小兵立大功，小种子举起大石头
- ㊴ 给你的房间画一张图

做点儿手工活儿！

5个和手工相关的实验

- ⑨ 制作一个阿骨——小小骷髅人
- ㉒ 打造迷你花园
- ㉞ 可以吃的房子
- ㊱ 打造森林小剧场
- ㊳ 小箱子变成宝藏屋

什么都不用！

5个不用任何材料也能做的实验

- ⑥ 可能的动作？不可能的动作？
- ⑩ 像动物一样爬行
- ㊵ 这样会跌倒吗？
- ㊶ 奇妙的建筑
- ㊿ 声音能用手感觉吗？

怎样在实验中成功？

一开始你可能会遇到问题，就像罗拉和她的小伙伴们一样。

但是，如果你听从下面这些建议，很快就会成功的。

惨痛经历

哎呀！

刚开始，罗拉和她的小伙伴们有些事情做得不够好。你一定不要像他们这样哟！

当我失败时，我会很生气，气得不得了！

千万不要泄气！只要慢慢练习，你会变得越来越厉害！

如果实验没有马上成功，我就会觉得很没劲。

就算是科学家也会在成功前经历很多次失败。有时正因为失败，他们才发现了新的东西。所以不要气馁呀！

我想自己切开塑料瓶。

请大人帮你完成那些有危险的工作，比如切东西和凿东西。

我没有告诉爸爸妈妈就直接拿走了厨房用具。

我把沙拉碗放哪里了？

用家中的器具做实验之前，要先得到爸爸妈妈的允许。

盖好房子后，我就没时间玩儿了。

吃饭了！

盖房子很花时间。如果你之后还想玩儿，最好先确定你有充裕的时间。

我不希望有人拆掉我盖的东西。

如果实验结束后，你能把东西收好，那么爸爸妈妈会更愿意让你做实验。

我没像书里写的那样做。

那是因为借助或不借助实验材料，你都可以发明1001种实验。

我希望我的植物能在一分钟内快速长大。

加油！快快长大！

要有耐心！植物的生长需要时间。

你准备好了吗?

如果你和大人们一起做下面这些有趣的实验，
你很可能会让他们大吃一惊……

1

大挑战：把手帕放进水里而不湿！

你能把手帕放进水里而不弄湿它吗？

如果你也能像弗瑞松那样有个拧紧盖儿的瓶子，那就很容易了。但如果你只有一个不带盖儿的杯子，那该怎么办呢？即使你像弗瑞松的爷爷那样用大手盖住杯口，水也还是会流到杯子里弄湿手帕的。

有瓶盖儿，太容易了！

你知道吗？只用一个杯子和几根手指，你就可以让手帕在水里保持干燥。

请你向爷爷借一块手帕。

把手帕压紧，塞在杯子的底部。然后把杯子倒过来轻轻地放进水里，一直放到水盆底部，让杯子始终保持直立。

把杯子拿出来，请爷爷摸一下手帕。

手帕呀手帕，放在水盆里不能湿！

小淘气，我可不喜欢用湿手帕呀！

手帕是干的！大魔术师，快告诉我你的秘密吧！

好吧，我只告诉您一个人哟！

再把手帕压紧，塞在杯子的底部，把杯子放进水里。但是这次，让杯子倾斜一点儿。

> 您看到我的秘密了吗？就是这些小气泡。

秘密就是空气！

杯子看起来是空的，但其实里面充满了空气。空气就像看不见的闸门，堵住水不让它进入杯子。比起爷爷的大手，空气能更好地保护手帕呢！

空气在哪里呢？

空气无处不在，在你的嘴里，在抽屉的深处，甚至在空瓶子里。想象一下，如果空气是粉色的，那我们就能看到它了。

空气是什么形状的？

它既不是圆的，也不是方的，更不是尖的。它没有固定的形状。它所在的地方是什么形状，它就是什么形状。

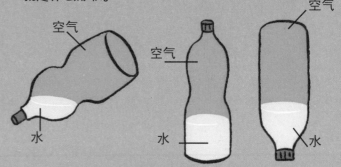

如果你把这些瓶子里的空气画下来，这些空气会是什么形状的？

2

大挑战：养护食虫植物

很多动物都会以植物为食。不过，会吃动物的植物就很少见了。我们称这种植物为"食虫植物"。它们生长在土壤贫瘠的地方，为了生存，才演化出捕食昆虫的能力。

啊！

捕蝇草

你想不想养一株食虫植物？

只要你了解并尊重它们的需求，其实并不像想象中那样难哟！

在一个晴朗的早晨，有株食虫植物来到了羽儿的家。可是，羽儿不知道该如何照顾它。

呜……好可怕呀！它好像会咬我的手指。你觉得我们应该抓些虫子给它吃吗？

我好想把它放到我的房间。

该把它摆在哪里呢？

在大自然中，捕蝇草生长在北美洲土壤贫瘠的地方，这和家中装饰用的小盆栽完全不同。要怎么做才能让它生长得好呢？

好！我知道该怎么做了。

虽然我很想把你放在我的床边，不过那样做的话，你会很不快乐的。

捕蝇草需要充足的阳光，也不怕雨淋，所以可以把它放在户外有阳光的地方，或是朝向南方的窗户旁。它很喜欢冬天的寒冷，不过，可不能让它结冰哟！捕蝇草很适合在冰箱的冷藏室中度过冬天。

要不要浇水呢？

土壤必须保持湿润。将花盆放在一个装有水的小碟子里，水位约1厘米高，这样植物就会透过花盆底部的小孔来吸收水分。要特别注意：不可以用自来水哟！自来水对于捕蝇草来说营养太丰富了，可能会导致它的死亡。所以，必须用雨水或者其他不含矿物质的水。

来，给你喝纯净水。

要不要一些营养充足的土呀？这样你的捕蝇草会长得更好哟！

谢谢，不用了！它有自己特别的土壤。

捕蝇草原本生长在土壤贫瘠的地方，如果给它天竺葵用的养分土，那它是不会喜欢的。

要不要喂它吃昆虫呢?

捕蝇草自己会捕捉它需要吃的昆虫。如果它吃得太多，反而会因为消化不良而死亡。如果你真的很想喂它吃昆虫，每星期最多只能喂它吃一只蚊子或一只小苍蝇。

加油！小捕蝇草，要自己抓蚊子吃哟！

捕蝇草的捕虫夹是如何工作的?

捕蝇草的每个捕虫夹内都长着微小的纤毛。当昆虫触动纤毛两次时，捕虫夹就会立刻关上。

几天之后，捕虫夹会再度打开。你可以看到里面未被捕蝇草消化尽的昆虫残骸。

假如我把手指放进去，会怎么样?

如果因为好玩儿而把手指放进捕虫夹中，它也会合起来哟！不过不用担心，它是不会把小孩子的手指吃掉的。尽管如此，还是要避免类似的动作，因为这样做会让捕蝇草疲劳。此外，每个捕虫夹捕食两三次后通常就会死亡。

3

大挑战：小纸张大显神威

你能不能把一堆书放在纸上，然后，在纸下的空隙间滚弹珠？

如果你用小比的方法，在纸上粘上一堆胶带，就算只是放一些小书，也还是会倒塌。

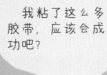

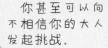

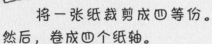

将一张纸裁剪成四等份。然后，卷成四个纸轴。

找一本大书。然后，将书的四个角对准纸轴放下。继续轻轻放上第二本、第三本……直到第十九本书。

你也可以继续放书，看看什么时候才会倒塌。

嘿嘿！

加油！

如果好好练习，你还可以向大人发起挑战。

你能用一张纸撑起这堆书吗？而且不要压扁这张纸。

告诉他们，只要把纸剪开，再利用四段胶带，就行了。

纸的秘密

纸看起来很脆弱。没错，即使是婴儿也可以轻易地把纸撕破。可是，如果我们把纸的外形做适当改变，它也可以变得很坚固。例如，纸制圆柱体或三棱柱都可以承受一定的重量。

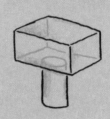
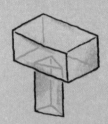

你拆开过瓦楞纸吗？

如果你撕开纸箱的一端，就会发现瓦楞纸是用三张柔软的纸做成的。这三张纸以特别的方法黏合在一起：中间层是以折叠的方式与上下两面黏合的。折叠处的空隙与上下两面组成了许多小三角形。

大挑战：衣橱里的大钟

你知道怎么用一个铁丝衣架、一根绳子和一支铅笔发出敲钟的声音吗？

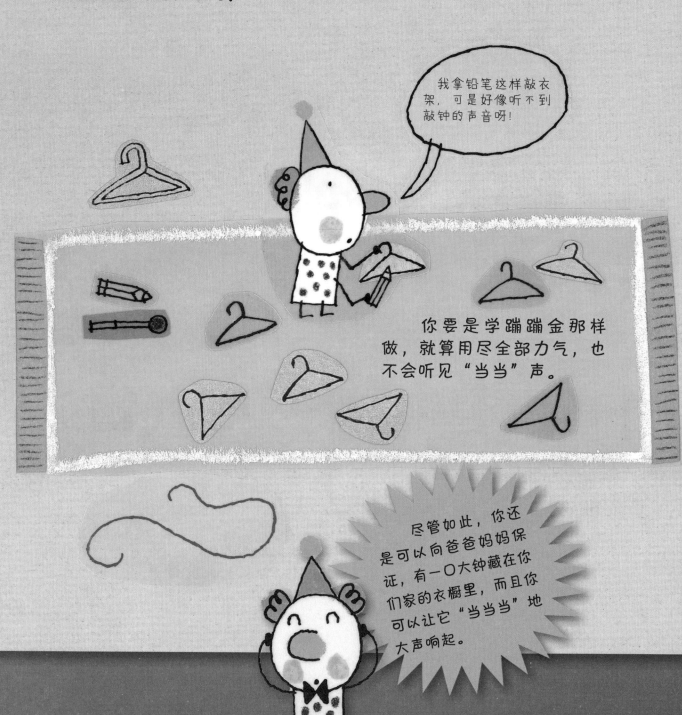

我拿铅笔这样敲衣架，可是好像听不到敲钟的声音呀！

你要是学蹦蹦金那样做，就算用尽全部力气，也不会听见"当当"声。

尽管如此，你还是可以向爸爸妈妈保证，有一口大钟藏在你们家的衣橱里，而且你可以让它"当当当"地大声响起。

请爸爸妈妈站在衣橱边，然后，按照下面两页的方法做，他们会不敢相信自己的耳朵。

拿一个铁丝衣架和一根长约一米的绳子。

把衣架挂在绳子上，准备好铅笔。

把绳子两头放在爸爸妈妈的耳朵里，然后让他们的身体稍向前倾。

用铅笔敲击衣架四次。问问爸爸妈妈听到了什么。

> 闭上眼睛，仔细听。

> 这让我想起村庄里每个小时都会响起的钟声。

> 蹦蹦金，你是最棒的敲钟手。钟响了四声，点心时间到啦！

当你敲打衣架的时候，衣架会快速而有规律地振荡，我们称这种现象为"振动"。

在空气中，振动会向四面八方发散。当衣架挂在连着耳朵的绳子上时，振动会传到绳子上，然后直接传进耳朵。这时候，我们就会听见一个更强的声音。

如果你在衣架振动的时候轻轻碰绳子，振动会让你的手指头痒痒的。

> 现在我们来吃点心吧！

25

5

大挑战：翻转装满水的杯子，不让一滴水跑出来！

翻转装满水的杯子，杯中的水却不会洒出来，这可能吗？

如果你像罗拉那样做，家里恐怕要发大水了。这也正常，因为水是有重量的。当它离开杯子时，当然会洒出来。

哎呀!

然而，我们是可以做到翻转装满水的杯子而不让水洒出来的!

如果你喝水的时候，妈妈经常提醒你小心点儿，别把水杯打翻了，那就跟她打个赌吧！

不可能！

我能控制水。我可以翻转这个装满水的杯子，却不洒出一滴水。

把水杯装满水。然后，把它放在盆里。用一张平整的卡片盖在杯口。

建议：用硬纸板或塑封纸，实验会更容易成功。

一只手托起杯子，另一只手按住卡片。在盆的上方，把水杯快速地翻转过来。

水千万不要流出来呀！

把按住卡片的手迅速抽出来。卡片会贴在杯口，一滴水都不会流出来！再迅速地把水杯翻正。

哇，罗拉，你太棒啦！

看吧！

为什么杯子里的水不会流出来？

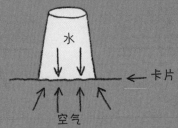

水

卡片

空气

在杯子的外部，空气促使卡片向上，这股力量比水向下流的力量更大。这就是水流不出来的原因。

空气有重量吗？

空气　空气　空气　空气　空气　空气　空气

我们周围的空气是有重量的。你身体每平方厘米的皮肤上，都要承受约1千克重的空气！但是你感觉不出来，因为你的身体已经习惯了。

可能的动作？不可能的动作？

你认为站立、说话或吃东西很容易吗？

其实不一定。跟小伙伴或爸爸妈妈一起做这些实验，你可能会有惊奇的发现哟！

1,2,3,4,5……

> 爸爸妈妈爬山坡。

1 说说气泡中的话

说的时候，试着别让上唇碰到下唇。

2 单脚站在垫子上

手臂放在身体两侧，蒙上眼睛，单脚站在垫子上保持平衡，从一数到十。

答案

1 这是不可能的。无论任何语言，没有人在发b、p、m这些音的时候可以让双唇不相碰。

2、3、4、5 和 8 一开始很难，你甚至会觉得不可能。但是多多练习，有些人还是可以做到的！

6 即使你筋骨非常非常软，也不可能做到（你会向前摔）。这是平衡的问题。

7 如果你的舌头天生就会卷，那就很容易。如果不是，那几乎就是不可能的，练习再久也一样。

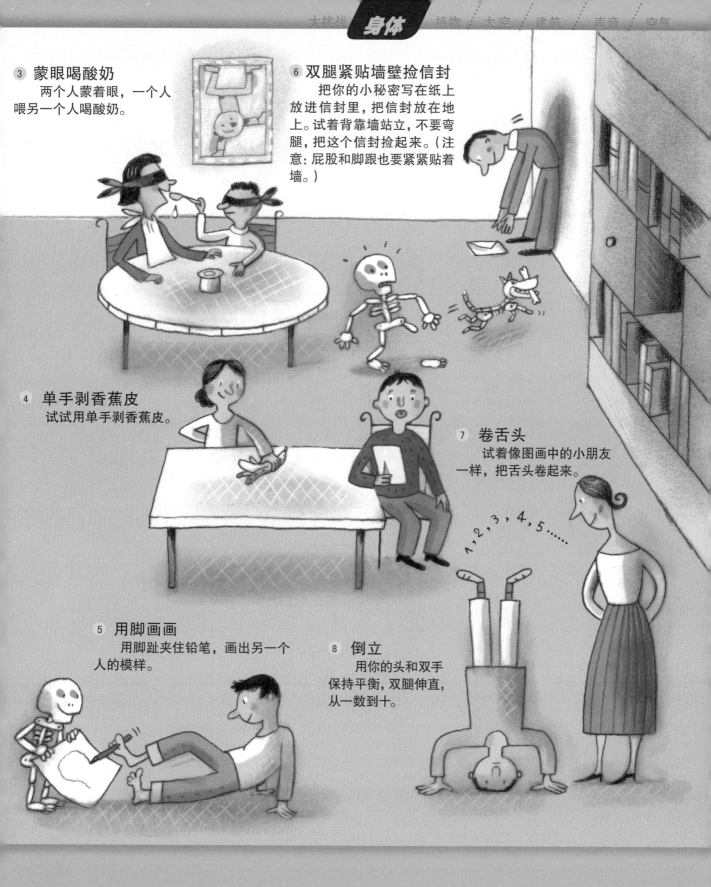

③ **蒙眼喝酸奶**

两个人蒙着眼，一个人喂另一个人喝酸奶。

⑥ **双腿紧贴墙壁捡信封**

把你的小秘密写在纸上放进信封里，把信封放在地上。试着背靠墙站立，不要弯腿，把这个信封捡起来。（注意：屁股和脚跟也要紧紧贴着墙。）

④ **单手剥香蕉皮**

试试用单手剥香蕉皮。

⑦ **卷舌头**

试着像图画中的小朋友一样，把舌头卷起来。

1，2，3，4，5······

⑤ **用脚画画**

用脚趾夹住铅笔，画出另一个人的模样。

⑧ **倒立**

用你的头和双手保持平衡，双腿伸直，从一数到十。

7

帮"机器人"穿衣服

请你的小伙伴或爸爸妈妈假扮成机器人，根据你的指令将衣服穿好。

你需要：

- 1个假扮成机器人的人

- 1个机器人控制员

- 1件外套

- 2条不同颜色的围巾，分别绑在机器人的左臂和右臂上

你每天早上穿衣服的时候，并不用去思考如何执行每一个动作。但事实上，你的大脑一直在不停地给肌肉下指令。

来玩玩看吧！

机器人控制员要下指令让"机器人"把挂在椅背的外套穿上。可是，这个"机器人"只听得懂下面这些指令：

| 放开 | 伸出 | 提起 | 前进 | 转身 |
| 抓住 | 折叠 | 放下 | 退后 | 停 |

机器人，放下红色的手臂！

动作执行完毕！

比如，机器人控制员说："机器人，放下红色的手臂！"

"机器人"就会放下绑红围巾的手臂。要让"机器人"穿上外套，需要下多少条指令呢？

要不要试试更复杂的任务？

- 给的指令越少越好
- 倒一杯水
- 同时控制很多个"机器人"

8

变身为雕像

试着在一分钟内不做任何动作。
听起来很容易吗？

你需要：

- 1个负责观察的人

- 1个要变身为雕像的人

- 1块手表

- 1小块面包

- 1条床单，当作"雕像"的衣服

- 1面大镜子，让"雕像"照镜子

依照下面的指示做实验：

让变身为雕像的人先穿好衣服，然后吃面包。请他将左脚稍稍抬起，左臂上举，眼睛睁开。

负责观察的人说："三、二、一，雕像变身完成。"

接着，拿表计算时间。轻轻地碰一碰"雕像"，确定他没有动。

> 我要碰碰你，确定你没有动。

> 当大人对你说："可不可以不要动，停一下……"你可以回答："这是不可能的，除非我死了。"

你以为自己一动也不动吗？

在你不动的一分钟里……
- 你的眼皮已经开合了好几次。
- 你的肺已经鼓起了8—12次。
- 你拇指里的血液已经流到了心脏。

- 你的心脏已经跳动了70—80次。
- 你的胃已经开始把面包变成糊状。
- 你的肌肉已经开始收缩，让你不会跌倒。
- 你甚至长高了一点点！

9 制作一个阿骨——小小骷髅人

阿骨是一位超级杂技演员。

它喜欢走路和跳舞，可它最喜欢做的是挑战一些人类做不到的动作。试着让它朝各个方向动一动，做一些奇怪的动作吧！你甚至可以让它手脚颠倒……

你需要：

- 第117—118页的纸模型，请沿虚线剪下
- 8枚两脚钉
- 1张轻纸板

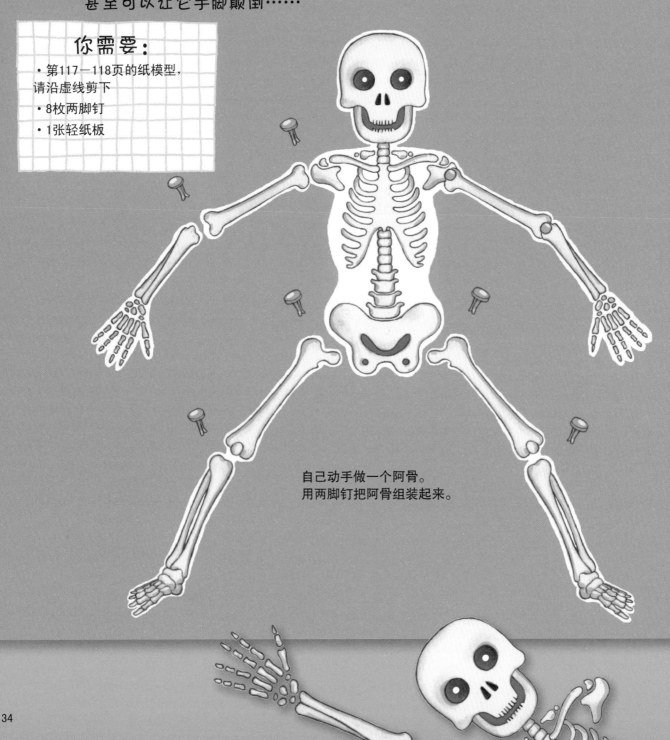

自己动手做一个阿骨。
用两脚钉把阿骨组装起来。

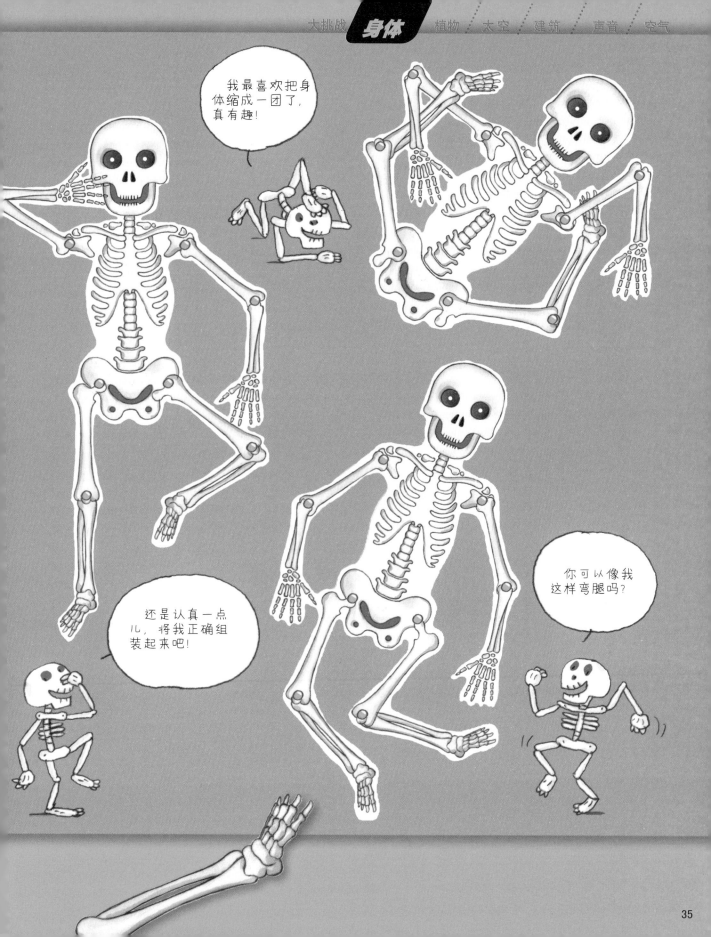

10 像动物一样爬行

爬行就是用腹部贴着地面移动。
可是，你知道爬行的方式有很多种吗？
你喜欢哪种爬行方式？试一试吧！

爬行路线

先设计一条路线。然后，快速地爬完全程。如果你们有很多人，还可以举办爬行比赛哟！

起点

终点

像……一样爬行

像毛毛虫……

毛毛虫会抬起身体中间的部分。它会用腹足紧抓地面，然后向前推。想要像毛毛虫一样爬行，你可以抬起屁股，然后，向前推。

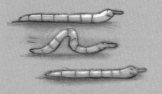

像蛇……

蛇以波浪状爬行，身体先向一边弯曲，再向另一边弯曲。想要像蛇一样爬行，就把你的身体弯向一边，再弯向另一边，慢慢前进。

像蜗牛……

蜗牛会在地上留下一层黏液，然后，用它小小的肌肉像波浪般向前推进。事实上，人类不可能像蜗牛一样爬行。

像婴儿……

在学步之前，很多婴儿都会爬行。想要像婴儿一样爬行，你可以用手臂、膝盖和脚推进。

11

你可以像鸟一样飞翔吗?

来玩玩看吧！

试着做出鸟要起飞时的正确动作。

一开始，先上下跳跃产生冲力。接着，用力快速地挥动你的手臂。手臂往上时，把手指张开，就像鸟张开翅膀一样；手臂往下时，把手指并拢，就像鸟收起翅膀一样。你飞起来了吗？没有。你不会飞的，因为你是人类。

千万不要在窗边做这个实验，很危险哟！

为什么鸟会飞？

它有翅膀和羽毛，可以在空气中支撑身体的重量。它的肺和气囊占据了身体很大的比例。这些部位填满气体后，鸟的浮力就变大了。

它的骨头很细小而且是中空的。它的喙比人的牙齿还轻。

为什么人类不会飞？

人类没有翅膀，骨头很重，牙齿也很重，而且人类的肺部占身体的比例比鸟的小。

人类的身体并不适合飞行，但是人类可以借助飞机或者其他飞行器飞上天空。

12 如果你动弹不得

用一个夹板固定你的手臂，就像打上石膏一样。然后，试着做一些你每天都要做的动作。

> 我的脚趾会乱动。

> 首先，你要准备这些东西。

> 准备好了吗？
> 开始做夹板。

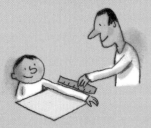

① 剪一块跟你的手臂一样长的纸板。它必须能盖住你的手腕和肘关节，你能动手指但不能动肘关节。

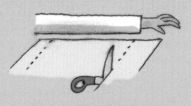

② 把纸板绕很多圈，包住你的那只手臂。然后，用胶带把纸板牢牢地固定住。这就是你的夹板。你可以在夹板上画画。

你需要：

· 1张不太硬的纸板，比如早餐麦片盒

· 剪刀和胶带

· 帽子、梳子、镜子、牙刷、电话和眼镜

来玩玩看吧！

试着梳头、打电话、刷牙、戴帽子……容易吗？

如果鼻子痒，你现在到吗？

不要戴着夹板到处跑。如果摔倒的话，可能会受伤哟！

如果用不同的方法做实验呢？

让自己变身为木偶：用夹板包住手臂和腿，在每块夹板上绑一根绳子。然后，别人就可以通过拉绳子来控制你的行动了。

变身为木偶，你的手臂还能弯曲吗？

不能。但当你把夹板拿掉时，手臂就能弯曲了。

现在，关节可以派上用场了。用手摸一摸你的肘关节。你有很多骨头，也有很多关节。因为有足够灵活的关节，所以你可以摸到全身的任何一个地方。

哪里有骨头和肌肉呢?

照镜子的时候,你看得到骨头和肌肉吗?

看不到。它们都藏在你的皮肤里。不过,你还是可以感觉到它们的存在。

摸摸你的手臂。

你摸到柔软而有弹性的部分了吗?那就是你的肌肉。你的手臂有四块主要的肌肉,手部则有许多小肌肉。你摸到一些很像绷紧的绳子似的东西了吗?那就是你的肌腱。肌肉的两端要靠肌腱才能固定在骨头上。

握紧你的拳头,把手臂向上弯曲。

你感觉到有一小块隆起吗?那是你的肱二头肌。你越锻炼它,它就会越大、越结实。

把你的手臂向上弯曲,摸摸肘关节。是硬的吗?

尖突的部分是尺骨的末端,沿着它一直摸到你的手腕都是同一根骨头。摸到手腕以后,你也可以摸摸前臂的另一根骨头——桡骨。你的手臂有三根大骨头,手部则有二十七块小骨头。

画出你的骨骼结构

先用一张透明纸把下面这张人体图描下来。然后，把你手臂的骨头画出来。接着，完成上身骨骼简图。画完以后，和第127页给出的答案比一比。

心脏——听听这块肌肉制造的声音

把耳朵放在别人的胸前。你听得到心脏跳动的声音吗？

扑通、扑通，我好爱你哟！

是空的吗？

学一学牛吃草的样子吧。

敲敲你的头

轻轻敲你的颅骨。是硬的吗？

把手放在你的脸颊旁边、耳朵下面。用力地张嘴闭嘴，你感觉得到两边各有一小块凸起的东西在动吗？

心脏有多大呢？

它跟你的拳头一样大。
和肱二头肌一样，心脏也是一块肌肉，它从不停止工作。每当心脏收缩，把血液送往全身的时候，你就可以听到心跳声。

颅骨有什么用？

你的颅骨负责保护非常脆弱的大脑。张开嘴巴时所感觉到的凸起是你的颌关节。没有这个关节，你就不能吃东西，也不能说话了。

41

不说话也能为小伙伴指路

你能只通过拍的动作告诉你的小伙伴要干什么吗？

你需要：

- 1个小伙伴

- 你的家

来玩玩看吧！

① 和你的小伙伴一起记住指路密码。开始前先试着走几步。别忘记打开所有房间的门。

② 比如从厨房开始，你站在小伙伴的身后，把手放在她后背，前进！

指路密码

前进

把手放在她的后背

停止

轻拍两下她的头

左转

轻拍两下她的左肩

右转

轻拍两下她的右肩

更难的玩法

你可以用布条蒙上双眼，按照同样的规则和小伙伴继续游戏。

③ 通过指路密码，指引你的小伙伴绕过各种障碍走到你的房间。记住，别走太快了！

别拍得太用力了哟！

④ 到达以后，你们可以互换角色，选择其他房间再开始游戏。

一些动物也是通过触碰身体来传递信息的。

银海鸥会轻轻地啄妈妈的嘴。
它总是啄同一个部位，就是妈妈嘴前端有红点的地方。叮叮叮！意思是：妈妈，我饿了！然后，妈妈就会把储存在喉咙处的食物吐出来喂给它。

感官小实验

通过视觉、味觉、嗅觉、听觉和触觉，你可以感受和认知世界。

没有视觉，你的其他感官还能工作吗？为了找到答案，请用布条蒙住眼睛做实验吧！

你需要：

- 1根用来蒙眼的布条
- 几种用于品尝的食物
- 几种有气味的物品
- 几种可供触摸的物品
- 几种能发声的物品
- 1个小伙伴

来玩玩看吧！

请你的小伙伴用布条蒙住你的眼睛。然后，开始做实验吧！

也可以用丝巾。

实验1：试试你的听觉

请你的小伙伴逐一敲打每件物品，例如用小勺子敲一敲结实的杯子、长笛、手鼓、铃铛、钥匙串。每次，你要说出声音是大还是小，是悦耳还是刺耳，是尖锐还是低沉。你能猜出是什么东西发出的声音吗？

实验2：试试你的嗅觉

请你的小伙伴把每件物品从你的鼻子下方慢慢扫过。你不可以触摸它们哟！例如花、薰衣草、咖啡、香水、笔袋。每次，你要说出气味是浓还是淡，是香还是臭。你能猜出是什么东西散发出的气味吗？

实验3：试试你的味觉

请你的小伙伴把食物逐一喂到你的嘴里，例如酸奶、香蕉、黑巧克力、柠檬、薯片。每次，你要说出味道是酸还是甜，是苦还是咸，是辣还是不辣，是好吃还是不好吃。你能猜出是什么食物吗？

实验4：试试你的触觉

请你的小伙伴把物品逐一放到你手中，例如毛绒玩具、核桃、梳子、袜子、勺子。每次，你要说出东西是大还是小，是冷还是热，是有刺还是无刺，是光滑还是粗糙。你能猜出你手里是什么东西吗？

16 你的脸蛋儿上起了大疙瘩吗？

没有镜子的话，即使你使出浑身解数，也没办法看到自己脸上的情况。

当我们想看到自己的脸、喉咙或者后背时，镜子是非常有用的。那么，你知道下面这些方法吗？

怎样看到自己的后背？

如果快速转身，你看得到自己的后背吗？

几乎没有人成功过。不过，你可以站在两面镜子之间。瞧，你成功啦！

怎样看到自己的全身？

如果离一面很小的镜子足够远，你能看到自己的全身吗？

不能。如果要看到全身，镜子至少要有你一半高，而且要放在适当的高度。只有这样，你才能同时看到自己的脚和头顶。

怎样看到自己的喉咙？

移动手里的小镜子，你可以看到自己的牙齿、耳朵、鼻毛，还有喉咙……

牙医就是用一面小镜子检查牙齿的。

怎样看到别人眼中的自己？

在镜子里，我们看到的自己是相反的（左手变成了镜子里的右手）。

把两面镜子摆成一定的角度，你就能看到别人眼中的自己了。

哈哈镜

　　想不想把自己变成"怪兽"？想不想在镜子里看到头朝下、变成小不点儿或者完全变形的自己？哈哈镜就可以让你梦想成真。家里有各种各样的哈哈镜。赶快找找看吧！

　　找到的哈哈镜可能比你想象的还要多哟！

怪兽来啦！

我们可以用很多方法在镜子里看到头朝下的自己，你知道该怎么做吗？

用两个凹面镜或两面镜子。

我的哈哈镜大收藏

凹面镜

　　勺子的凹面就是一面凹面镜。对着勺子看自己，勺子所成的像是上下颠倒的，左右也是反的。

凸面镜

凸面镜所成的像为正立缩小的虚像。

如何唤醒沉睡的种子？

每颗种子中都有一个等待发芽的植物宝宝。

怎样才能把它们唤醒呢？羽儿和她的朋友阿土有不一样的看法。

谁说得对？做实验来验证一下吧！

实验1：种子在黑暗中也能发芽吗？

看着吧，它们在黑暗中一样可以长得很好。

别傻了！没有阳光是不行的。

实验2：种子没有泥土也会发芽吗？

可以呀！因为种子本身就储存有一些养分。

不可能！把种子放在棉花上，它们不就没东西吃了？

实验3：水浇得越多，种子就会长得越好吗？

水浇得越多，种子越容易发芽。

可是，我觉得它好像快被淹死了。

实验4：种子能在寒冷的环境中发芽吗？

寒冷才不能阻止种子发芽呢！

嘿！我敢打赌，什么也长不出来。你在北极圈里看到过植物吗？

完成第119—120页的实验报告之后，请查看第127页的答案。

种子里面藏着什么呢？

种子里面藏着一个未来的植物宝宝和它需要的养分。如果把种子剖成两半，就可以观察到：

—— 未来的植物宝宝

—— 储存的养分

来玩玩看吧！

① 挑选一个实验。
② 按照实验步骤播种。
③ 用铅笔把结果记录在实验报告中。

你需要：

• 大麦的种子

• 每项实验都需要2—3个一模一样的容器（比如酸奶罐、塑料杯、金属瓶盖儿）

• 第119—120页的实验报告

• 泥土和棉花

我会小心地使用喷壶洒水，以免碰到种子。

我会把手指轻轻按进泥土中，如果泥土是干干的，我就会浇水。

给种子浇水的小窍门

1. 在塑料杯底部打四个小孔。然后，把泥土装进杯子里。
2. 将杯子放在盛水的盘子中。静静等待三四个小时，水会慢慢渗透到泥土里。
3. 当泥土表面足够潮湿时，就把杯子拿出来。每隔三四天就要重复步骤2和3，以避免泥土干燥。

19 小小四季豆，倒着种种看

假如我们把种子倒着种，它会不会倒着长呢？

你需要：

· 1个透明的塑料杯

· 4颗四季豆的种子

· 2张餐巾纸

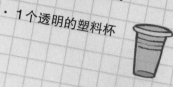

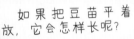

如果把豆苗平着放，它会怎样长呢？

来玩玩看吧！

① 拿一张餐巾纸，将它卷成筒状。然后，把纸筒放入透明塑料杯。

② 将另一张餐巾纸揉成纸团。然后，把纸团放到纸筒中。

③ 把种子塞入塑料杯和餐巾纸之间，尽量放得东倒西歪的。然后，定时浇水，使餐巾纸保持湿润。

④ 几天之后，根出现了。接着，叶子也出现了。它们会不会长得东倒西歪的呢？

答 案

　　植物内部有某种机制，使它的茎总是向上生长，而根总是向下伸展。你没有办法强迫它茎向下、根向上那样倒着长。这种现象被称为植物的"向地性"。也就是说，它们的根总是朝着地心的方向生长。

　　等豆苗长得足够大了，你就可以做这个实验了。

　　把塑料杯平放，等几天再看看吧！

20

不用泥土的种花术

鳞茎看起来就像干干的、不好吃的大洋葱。但是千万不要吃它，那样你可能会生病哟！

不过，如果你帮它浇浇水，它或许会开出美丽的花朵。

你需要：

· 朱顶红或风信子的鳞茎（在园艺店或花市都可以买到）

· 1个玻璃瓶（鳞茎必须能卡在瓶口，只有根部泡在水里）

· 1条长纸板，用来测量和记录植物的生长情形

· 1支铅笔

来玩玩看吧！

❶ 将鳞茎放在装满水的玻璃瓶上。水必须淹过鳞茎的根部，但不能碰到鳞茎。

❷ 观察植物的生长情形。测量它的高度，并记录在长纸板上。必要时帮它浇水。

20 天

11天

6天

每次碰过鳞茎后，都要记得洗手哟！

为什么鳞茎离开泥土也能生长？

鳞茎中含有足够的养分，可以供给植物生长直至开花。但仅此一次而已。

之后，如果想让它再次开花，就必须把它种到泥土里，这样它才有办法重新获得养分。

21 小兵立大功，小种子举起大石头

种子能够举起比自己重将近四十倍的石头吗？
让我们做实验来一探究竟吧！

你需要：

- 8—10颗四季豆的种子
- 1个透明的塑料盒
- 2个瓶盖儿
- 一些泥土
- 4颗桃核般大小的石头

来玩玩看吧！

① 在透明塑料盒里填入3厘米厚的泥土，然后把种子整齐地摆放在上面。再在种子上撒上一层薄薄的泥土。最后，浇点儿水，让泥土有充足的水分。

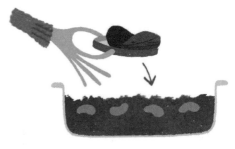

② 把装有两块小石头的瓶盖儿放在泥土表面。

咦？瓶盖儿好像会自己动呢！

③ 把透明塑料盒放在有阳光的地方后，就不要再动它了。记得定时浇水，使泥土保持湿润。几天后，你或许会发现瓶盖儿被抬了起来。你知道这是怎么回事吗？

植物的力气从哪儿来？

植物虽然看起来很娇弱，但实际暗藏了惊人的力量。你看到过被树根挤裂的人行道吗？植物没有肌肉，它们的力量来自根和茎中流动的水。

22

打造迷你花园

试着栽培两个迷你花园，比一比它们有什么相同和不同的地方吧！
只需几天，你就可以看到植物宝宝喽！

你需要：

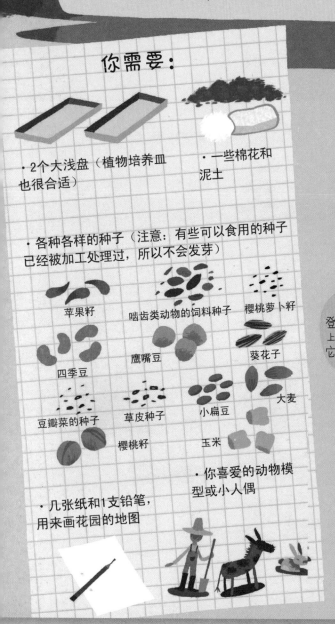

· 2个大浅盘（植物培养皿也很合适）

· 一些棉花和泥土

· 各种各样的种子（注意：有些可以食用的种子已经被加工处理过，所以不会发芽）

苹果籽

啮齿类动物的饲料种子

樱桃萝卜籽

四季豆

鹰嘴豆

葵花子

豆瓣菜的种子

草皮种子

小扁豆

大麦

樱桃籽

玉米

· 你喜爱的动物模型或小人偶

· 几张纸和1支铅笔，用来画花园的地图

来玩玩看吧！

❶ 在一个盘子中填入泥土，另一个放入棉花。

我要把种子的名称登记在我的花园地图上，这样我就会记得它们的位置了。

❷ 在两个盘子中种入相同的种子。有泥土的那盘要把种子轻轻地压进泥土里，有棉花的那盘只要把种子放在棉花上即可。定时浇水，使两个小花园保持湿润。

③ 几天后，你就会发现植物宝宝冒出来喽！比比看，哪一盘长得比较快？每个植物宝宝长得都一样吗？

打造迷你丛林

你已经观察到种子转变成植物的过程了吗？

选一些会长出弯弯曲曲的藤或者巨无霸叶子的植物种子，用它们打造一座迷你丛林吧！

23

创造蔬菜森林

利用蔬菜的一小部分，创造你的蔬菜森林吧！

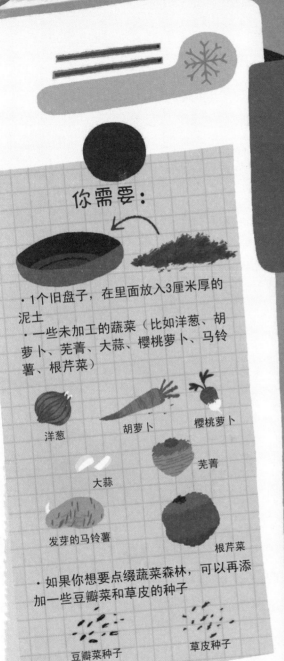

你需要：

- 1个旧盘子，在里面放入3厘米厚的泥土
- 一些未加工的蔬菜（比如洋葱、胡萝卜、芜菁、大蒜、樱桃萝卜、马铃薯、根芹菜）

洋葱　　　胡萝卜　　　樱桃萝卜

芜菁

大蒜

发芽的马铃薯

根芹菜

- 如果你想要点缀蔬菜森林，可以再添加一些豆瓣菜和草皮的种子

豆瓣菜种子　　　草皮种子

来玩玩看吧！

1 和大人一起准备要用的蔬菜。把洋葱和马铃薯纵切，留下有芽的部分。

2 将其他蔬菜的头部切下，用来创造你的蔬菜森林。其余的部分可用来煮汤。

我加了一点儿豆瓣菜的种子，这样会很漂亮哟！

3 将蔬菜放进泥土里。定时浇水，使泥土保持湿润。

我的植物长得像巨人一样高哟！

4 几天之后，你的蔬菜森林将发生改变。哪些蔬菜还是绿油油的？哪些蔬菜枯萎了？有腐烂的蔬菜吗？

这些蔬菜真的可以"再生"吗？

不可以，你的"森林"并不会维持很久。那些蔬菜会因为消耗了原本储存的养分而变得越来越"瘦"。不过，有些植物不需要种子也可以长出来，比如草莓和马铃薯。

马铃薯是怎么长出来的？

如果我们把马铃薯放入泥土中，它的地下茎就会继续发育。然后，可以长出15—20个新的马铃薯。

认养植物

你想不想自己养一株植物呢？

如果爸爸妈妈同意，你可以认养身边的植物。然后，好好照顾它，了解它。准备一张认养卡，把你的任务和植物所发生的各种情况通通记录在上面。

这是我帮亲爱的比比做的认养卡。

爱心认养卡

羽儿于2月28日
认养比比

我的植物名称：
扶桑花
小名：比比

我的任务

· 叶子看起来没有精神的时候，要帮比比浇水。
· 检查有没有蚜虫咬它。
· 把枯萎的叶子摘掉。

← 蚜虫

遇到的问题

· 比比被蚜虫欺负了，全身变得黑黑的。爸爸和我一起照顾它，现在没事了。
· 我不小心让比比跌倒了，折断了一根花茎，留下了一个伤口。

开心的事情

膝盖

· 六月，比比开了两朵红花。
· 比比长大了，和我的膝盖一样高！

← 比比

美丽星空探索之旅

放假时，请爸爸妈妈在一个没有云的夜晚把你唤醒。
你们一起去探索广阔无边的星空吧！

你需要：

· 用来坐或躺的防潮保暖用品

· 1顿美味的夜宵

· 带红色滤光片（可以用塑料书皮替代）的手电筒

· 铅笔和第121—122页的实验报告

如果你们需要照明，为避免刺眼，最好使用红光灯。

来玩玩看吧！

先找个舒服的地方坐下来。10分钟后，你们的眼睛会适应周围的黑暗。

拿起实验报告，开始探索星空吧！

你认为那是一架飞机，还是一颗星星？

让我来看看……

那是一颗星星！

1.分辨不同的光

它一边闪光，一边移动。

其实，那是一架飞机。

在黑夜里分辨不同的光可不那么容易。仔细观察，把你看到的光在实验报告上记录下来。

2.寻找大熊星座

找到了！

在星辰密布的夜空中，你藏在哪里呢？

你知道哪个是大熊星座吗？找到后，再试着指出北极星的位置。

3.发现一颗流星

看到了！

什么，什么？在哪儿？

如果你遇到了罕见的天象，就在实验报告上记录下来。有些天象会有预报，可以让爸爸妈妈提前告诉你。

恒星、行星、陨石、彗星和流星，它们有什么不同呢？

别着急，我好奇的爸爸。

答　案

恒星可不是一个小点儿。它是一团巨大的、燃烧中的火球，所以能发出强烈的光。你一定认识一颗恒星——太阳。

行星不会燃烧，也不发光，是恒星把它照亮。地球是一颗行星。

流星是细小的尘埃，它坠落到地球的过程中会燃烧发光。

陨石是落到地球上的宇宙石块。

彗星像个大雪球，由冰和尘埃组成。它拖着长长的"尾巴"，围着太阳旋转。

26 观察月亮

今晚，月亮像不像一个牛角面包？

观察一下"牛角面包"的方向，你就可以预测月亮不久后的形状。

如果你看到的月亮和下面三张图中的一张一样，

那么，月亮将"变大"。几天后，你就会看到圆圆的月亮了。

如果你看到的月亮和下面三张图中的一张一样，

那么，月亮将"变小"。几天后，你就看不到月亮了。

可以看到这样的月亮吗？

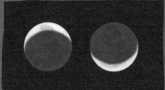

可以。在热带地区能看到近乎水平的月亮。

可以。每月一次，月亮会变成一个整圆。我们称之为"满月"。

不可以，除非在童话故事里。月亮没有嘴巴，也没有鼻子。

可以。但是白天月亮的颜色很浅，我们需要仔细寻找，才能看到。

月球的大小会变化吗？

答 案

不会，月球总是圆圆的。

当月亮像牛角面包时，仔细观察，你可以看到月亮没被太阳照亮的那部分。

月亮是按照规律变化的。从一次满月到下一次满月要经过整整29天12小时44分钟。

像月球一样围着地球转

你知道我们在地球上只能看到半个月球吗？
我们把月球的另一半叫作背面。
试一试像月球那样围着地球转，你就会明白了。

你需要：

- 一大片空地

- 纸和笔

- 1个小伙伴扮演地球

来玩玩看吧！

① 在一张纸上写上"月球背面"，另一张写上"地球"。

② 将"地球"交给你的小伙伴。然后，把"月球背面"放到自己身后。

③ 让你的"地球"小伙伴站在空地中央，面对你。你可以绕他走上一圈，不要让他看到你身后的字。

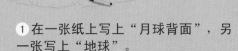

月球的背面

在很长时间里，没人知道月球背面是什么样子的。

所以，当1959年"月球3号"探测器首次发回月球背面的照片时，人们都非常激动。

答案

绕着你的"地球"小伙伴转上一圈，你一直在看着他吗？做这个实验的时候，你自己也转了一圈。如果你还不明白，那就再试试看吧！

到行星的世界去旅行

你精力充沛并有一双结实的跑鞋吗？
如果是的话，就和你的家人到"太阳系"里旅行一番吧！

来玩玩看吧！

① 在便笺上写下十个天体的名称，用胶带把物体粘到对应的便笺上（除了足球）。

你需要：

- 足够大的场地，可以保证大家沿直线走很远（道路、海滩等）

- 1个足球（模拟太阳）

- 2粒花椒（模拟金星和地球）

- 2颗糖豆（模拟火星和水星）

- 1粒细盐（模拟月球）

- 2个核桃（模拟木星和土星）

- 2粒玉米（模拟海王星和天王星）

- 10张较大的便笺和1支记号笔

- 胶带

我给你们看着"太阳"！

② 准备好了吗？拿好标有天体名称的便笺，去"太空"旅行吧！

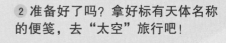

太阳

③ 首先，在一个有耐心的人身边放好"太阳"（足球和它的便笺），然后……

再见,亲爱的地球,我们去火星了。

再跨出30步,放下"火星"。

再跨出16步,放下"地球",在旁边放下"月球"。

月球

地球

再跨出19步,放下"金星"。

金 星

再跨出209步,放下"木星"。
再跨出247步,放下"土星"。
再跨出548步,放下"天王星"。
再跨出619步,放下"海王星"。

跨出22步,放下"水星"。

水 星

如果有风,记得用小石子压住你的便笺。

放下"海王星"时,你们大约步行了半小时。如果你们想继续走到下一个最近的星星——半人马座的比邻星,则需要不停地走上好几个月。加油吧!

29 制作一个梦幻星球

制作一个梦幻星球，放上你喜欢的岛屿、海洋、动物和居民。

不要把气球吹得太鼓，画画也别太用力。否则，砰！"星球"就会爆炸了……

你需要：

- 1个深色气球（红色、蓝色或绿色）

- 1支用来在气球上画画的笔（例如CD上用的记号笔）

- 几支用来在纸上画画的笔

- 便利贴

- 1把剪刀

来玩玩看吧！

① 把气球吹起来并封好口，这就是你的星球。画上陆地和海洋，给它们起个名字。

② 在便利贴上画好居民和房屋。然后，把它们剪下来，沿着粘贴部分折好，再粘在星球上。

地球另一端的人们是头朝下生活吗？

不是。他们和你一样，脚踩大地，头向天空。上下的方向对地球上所有的人来说都是一样的：下是指向地心的方向，上是指向天空的方向。

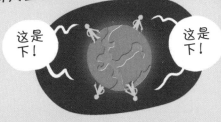

这是下！

这是下！

③ 在星球的不同位置上摆好居民，让他们面向不同的方向。哪些地方的居民是头朝下的呢？

梦幻星球上的白天和黑夜

星球上的居民，白天想要做游戏，晚上想要休息，
你能找到一个办法让他们都满意吗？

你需要：

- 你的梦幻星球
- 1个小伙伴
- 1个手电筒
- 1个黑暗的房间

> 我烦透黑夜了。
> 我希望总是白天。

> 现在我想要
> 黑夜来临，好好
> 休息一下了。

来玩玩看吧！

① 在房间里，让你的小伙伴打开手电筒，模拟太阳。你拿好手中的星球，千万不要动。看！星球被照亮了！

> 我只喜
> 欢黑夜。

② 你们能找到一种办法，让梦幻星球上的所有居民能依次见到白天、黑夜，并循环下去，就像在地球上生活一样吗？但是，不要移动"太阳"哟！

方　法：

让你的梦幻星球绕着"太阳"朝一个方向匀速旋转。

地球绕着太阳自转。这样，地球面对太阳的一边是白天，背对太阳的一边是黑夜。

31

航天员们滑稽的生活

空间站里的所有物品都在四处飘浮，再加上厚重的航天服，航天员在空间站工作起来很困难，有时还会发生可笑的小插曲。

如果按按钮时太用力，航天员可能会被反作用力弹开而撞上另一侧的墙壁。

如果航天员睡觉时忘记把双手绑好，它们会飘浮起来，打自己一个耳光。

在"礼炮"号空间站，有一次大家忘记将一个用过的吸尘器收好。有一天，一名航天员突发奇想，像骑马一样骑在上面溜着玩儿。

在空间站外工作时，航天员必须穿航天服。如果打喷嚏了，他也不能擦拭满是水汽的头盔。如果遗忘了一个螺母，将会带来灾难性的后果，因为螺母可能会击穿空间站的外壁。

这是真实的故事！

"挑战者"号航天飞机的舷窗就曾被一小片剥落的油漆撞出一条裂缝。

68

像航天员那样训练

进行太空旅行前，航天员们要进行很多训练，以便顺利完成在太空的工作。

当他们穿着厚重的航天服四处飘浮时，不能犯任何错误。你可以在一位小伙伴的帮助下，进行同样的训练。

你需要：

- 1个小伙伴

- 像航天员一样穿戴：1副厚手套、1件厚大衣、1副太阳镜

- 空间站：1个大纸箱

- 1把剪刀

- 2根意大利面

- 10根通心粉

- 2个不易破损的纸杯

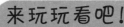

来玩玩看吧！

请大人帮忙在纸箱上钻孔。

1 首先，练习把五根通心粉穿到一根意大利面上，直到动作熟练为止。

2 在纸箱上钻一个直径约2厘米的孔。

3 把通心粉放到一个纸杯里，穿上你的"航天服"。让你的小伙伴拿着空杯进入"空间站"。现在，借助意大利面，将通心粉通过小孔传递给你的小伙伴。注意，在太空，不能让通心粉跌落。所有太空垃圾都是很危险的！

为什么太空垃圾很危险？

在太空中，一切物体看上去速度都很慢。但是实际上，它们的速度非常、非常、非常快。一个螺母会以每秒6千米—7千米的速度击中空间站，足以击穿空间站的金属外壳。

33

这样能平衡吗？

下面的实验中，有些堆叠物一定会倒塌。

猜猜看，是哪一些？做实验来检验一下自己的想法。

然后，把结果记录下来。

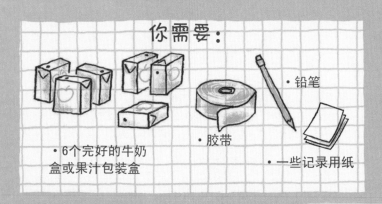

你需要：

· 6个完好的牛奶盒或果汁包装盒

· 胶带

· 铅笔

· 一些记录用纸

来玩玩看吧！

先别拿包装盒！

❶ 首先，先猜猜下页六个实验中，哪几个堆叠物可以平衡，哪几个不可以。如果你们是几个人一起玩，先互相讨论，交换想法，再将这些想法记在纸上。

❷ 然后，依图上的样子摆放。将结果写在纸上，看看自己是否猜对了。

把你的意见和实验结果记录在纸上。

实验1：塔

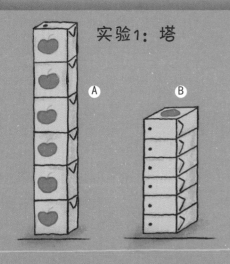

Ⓐ　Ⓑ

实验2：桥

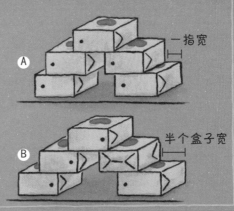

Ⓐ

一指宽

Ⓑ

半个盒子宽

实验3：跳板

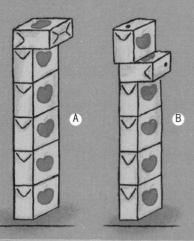

Ⓐ　Ⓑ

实验4：把纸包装盒放在支撑物上

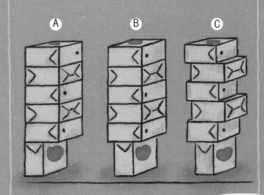

Ⓐ　Ⓑ　Ⓒ

实验5：倾斜的纸包装盒

Ⓐ　Ⓑ

实验6：黏合的纸包装盒

我喜欢动脑筋，即使看起来不可能的事，我也要努力想办法，让它变成可能。

重新搭建这些堆叠物，把纸包装盒用胶带粘牢。小心不要粘到桌子上。

答　案

实验1：塔

相对于塔的高度，堆叠物A的支撑面显得太小，所以A很容易倒。

实验2：桥

一旦距离过大，堆叠物就会晃动，所以堆叠物B很难保持平衡。

实验3：跳板

A、B中平放的纸包装盒使重心向右侧倾斜。但B中平放的纸包装盒

上方靠左又加了盒子以保持平衡，所以堆叠物B可以保持平衡。

实验4：把纸包装盒放在支撑物上

因为重量平均分散在竖直摆放的支撑物四边，所以，堆叠物B和C可以保持平衡，但堆叠物A不可以。

实验5：倾斜的纸包装盒

每个纸包装盒都不处于平衡状

态。但堆叠物A中，两个纸包装盒互相依靠，因此可以保持平衡。

实验6：黏合的纸包装盒

用胶带把纸包装盒固定后，原本不可能保持平衡的堆叠物，现在也可以保持平衡了。

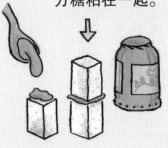

34

一开始，先将双手洗干净，然后，穿上围裙。

可以吃的房子

用糖盖一栋房子。完成后，你可以将它拆掉，拿来做好吃的蛋糕。

你需要：

· 1盒方糖，当作"砖块"

· 可以用来当"水泥"的黏合剂：水、浓稠的蜂蜜、芥末酱、果酱、糖浆等

· 1个碗、1把汤匙和1块案板

来玩玩看吧！

先找好黏度最高的"水泥"，以便把方糖粘在一起。

① 先用不同的"水泥"各黏合两块方糖。然后，从中选择一种最合适的。它必须能马上黏合，黏合后，"建筑墙"外观很漂亮，而且它不会让糖块融化，放到蛋糕里也很好吃。符合这些条件的，就是"筑墙"最好的"水泥"。

② 然后，在碗里倒入一些你选择的"水泥"。

③ 将不用的材料整理好，洗干净。

我呢，要把蜂蜜当作"水泥"。

用方糖砖盖房子！

盖一栋有楼梯和窗户的漂亮房子。

尽量让房子坚固。

试着用你的"水泥"将"砖块"黏合，还要确保你的"砖块"码放整齐。

好甜呀！

请大人帮忙把方糖块切成两半。

现在，你是不是在搬运"砖块"，就像个真正的泥瓦匠？

餐馆

如果一栋真的砖房倒下，对于住在里面的人来说，那可是场大灾难！还好泥瓦匠技术很好，他知道如何砌一堵牢固的墙，你观察过他码放砖块的方法吗？

美味食谱：糖屋蛋糕

休息一下，按照下面的食谱，用方糖墙来做蛋糕吧！

你需要：

· 相当于2个空酸奶盒重量的方糖墙砖

· 1盒酸奶

· 相当于3个空酸奶盒重量的面粉

· 1茶匙肉桂粉

· 1茶匙油

· 2个鸡蛋

· 1包酵母粉

1 用两汤匙的水溶化方糖墙砖。

2 将所有的材料放在容器内搅拌。

3 然后，倒入涂上奶油的蛋糕模子内。

4 请大人帮忙，放入温度180℃的烤箱内，烤二十分钟。

35

建造金字塔

你能用六根吸管建造金字塔吗？

你需要：

- 6根吸管（如果吸管有弯曲的部分，请将那一部分剪掉，我们要直的吸管）

- 4根绒线绳（内有铁丝的绒线绳，也可以用展开的曲别针），将其剪成两半

来玩玩看吧！

① 先用一根绒线绳连接两根吸管。

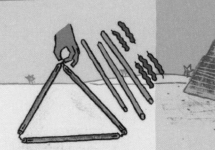

② 加入第三根吸管，做成一个三角形。

③ 在每根吸管里，再插入一根绒线绳。剩余三根吸管分别竖直连接在三角形的三个顶点。

④ 将竖直的三根吸管用最后两根绒线绳连接到一起。你的金字塔完工了！

一根吸管里可以插入两根或三根绒线绳哟！

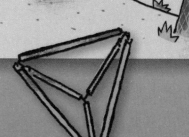

你还可以创造其他各种建筑物：

立方体

房子

多面体

超级大难题

你知道怎么用四个小金字塔组合成一个大金字塔吗？

小秘诀：大金字塔是小金字塔的两倍高，底座呈三角形。

答案请见第127页。

36

打造森林小剧场

布置你自己的小剧场，让人偶和小动物全躲进森林里。

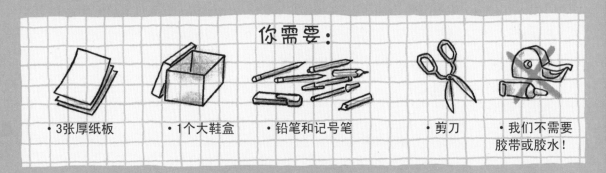

你需要：

- ·3张厚纸板
- ·1个大鞋盒
- ·铅笔和记号笔
- ·剪刀
- ·我们不需要胶带或胶水！

来玩玩看吧！

①和大人一起，在鞋盒的短边上剪一个大开口。

②剪一张厚纸板，确定它能放至鞋盒底部。这要用来做布景。

③确定以后，在厚纸板上画出漂亮的森林风景。然后，依树木的形状裁剪纸板边缘。

④在另外一张厚纸板上，画上其他布景。然后，在中间留一个大缺口。

⑤将布景放入盒子里。然后，盖上鞋盒盖儿——你的小剧场就完成了！现在，来创造演出的角色和场景吧！

76

动手创造角色和场景，让它们"站"上舞台吧！

在第三张厚纸板上画上人物、动物或树木。想想看，如何折叠或剪裁，才能让这些纸模型自己站起来？

千万不要粘住纸模型哟！

不然，就不能让它们在剧场内到处移动了。

很久很久以前……

纸模型制作秘诀

一开始，先打草图，免得破坏了你的好设计。

这里有两种让纸模型"站"起来的方法。

你可以用一些长纸片支撑纸模型。

你也可以折纸或卷纸。

37

在家里搭隧道

建条长长的隧道，你可以在里面用"四只脚"走路。

你需要：

- 几份旧报纸（不能用杂志哟！）
- 细绳或毛线
- 剪刀
- 4把椅子
- 几本厚书

来玩玩看吧！

隧道造墙运动开始！

① 在两把椅子中间拉起细绳。如果椅子容易滑动，在椅子上加一些重量，比如厚重的书、一位有耐心的爷爷等。

你这又是在做什么呀？

② 将旧报纸摊开，挂在绳子上。

③ 在第一道墙旁边筑起第二道墙，要确定留下足够的空间，让人可以爬过去。

呼——呼——

爷爷，你看到我漂亮的墙了吗？

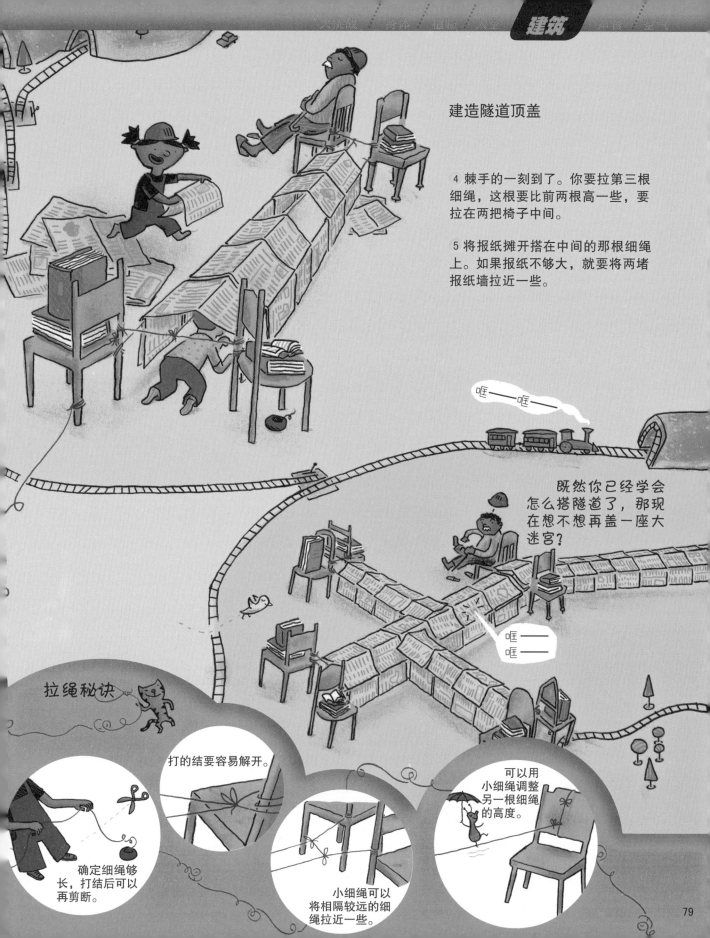

建造隧道顶盖

4 棘手的一刻到了。你要拉第三根细绳,这根要比前两根高一些,要拉在两把椅子中间。

5 将报纸摊开搭在中间的那根细绳上。如果报纸不够大,就要将两堵报纸墙拉近一些。

哐———哐———

既然你已经学会怎么搭隧道了,那现在想不想再盖一座大迷宫?

哐——哐——

拉绳秘诀

确定细绳够长,打结后可以再剪断。

打的结要容易解开。

小细绳可以将相隔较远的细绳拉近一些。

可以用小细绳调整另一根细绳的高度。

38 小箱子变成宝藏屋

自己做屋顶、门、窗和放宝藏的板子。最后，别忘了装饰宝藏屋哟！

你需要：

· 1个大到你进得去的纸箱

· 几大张瓦楞纸

· 一些可回收的材料，用来布置和装饰

· 一些用来裁剪和粘贴的工具

来玩玩看吧！

① 屋顶
这样的屋顶要怎么做？

如果我们的眼睛能透视，这就是我们看到的样子。

② 可以开关的门窗
可以开关的门窗怎么做？去看看家里的门和铰链。

为你的小屋找出最适合的材料：是胶带、绳子，还是晒衣夹呢？

你可以用各种材料都试试。找到以后，和大人一起裁切小屋的门窗。

你好！

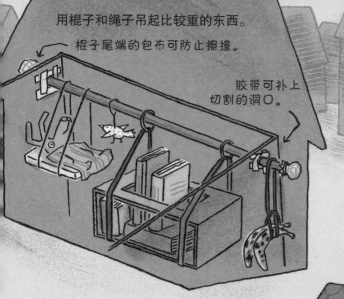

用棍子和绳子吊起比较重的东西。

棍子尾端的包布可防止擦撞。

胶带可补上切割的洞口。

用绳子和晒衣夹挂起一些图片和生活用品。

可以拉紧绳子的重物

3 装饰
想想看，要怎么布置小屋。

关窗户用的软木塞

利用有颜色的半透明瓶子，可以做出彩色窗户。

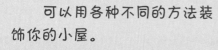

可以用各种不同的方法装饰你的小屋。

39 给你的房间画一张图

和爸爸妈妈外出时，你或许已经使用过地图了。
现在，给你的房间画一张平面图吧！

你需要：

· 几张白纸　　· 1支铅笔　　· 1块橡皮　　· 1个大人

· 1把尺子　　· 1个毛绒玩具
或其他玩具　　· 1个玩具小人儿

来玩玩看吧！

① 在卧室门口坐好。根据你房间的形状用尺子
在纸上画一个正方形或长方形。

② 背对房门，把白纸摆在面前。用橡皮擦掉门窗
所在位置的线条。

3 画一个长方形代表你的床，再画一个长方形代表你的学习桌。每件家具都要按照它本来的位置画。

4 让大人把毛绒玩具放在房间中的任意地方。然后，把代表毛绒玩具的小人儿放在平面图中相应的位置上。不要环视房间哟！通过平面图，你能判断出毛绒玩具在房间的什么地方吗？

5 现在，看看你的周围。你猜对了吗？

如果画错了，你可以用橡皮擦掉重新来。

什么是地图？

在建造房子之前，设计师们要在电脑上或者纸上画出平面图，也就是把房子缩小、简化后的图。平面图是地图的一种。

城市里有很多这样的指示图。在图中，我们可以找到周边的街道和建筑，但它们比实际要小很多。

还有一种地图是世界地图。你可以看到地球的全貌和每一个局部。

40 这样会跌倒吗?

试着只用一根手指推倒一个大人。请他依图改变姿势。

然后,你用一根手指轻轻推他的背,让大人以全身的力量抵挡。大人做哪一个姿势时你能将他推倒?

注意: 一定要在即使摔倒也不会受伤的地方做这个实验!

姿势1:
以单脚脚尖站立,手紧贴大腿。

姿势3:
双脚分开,一前一后站立,手紧贴大腿。

姿势2:
以双脚脚尖站立,手紧贴大腿。

姿势4:
四肢伏地,手脚微分开。

火车晃动时,我不喜欢扶东西,靠着双脚弯曲站立,就可以保持平衡啦!

支撑受力点越多越容易保持平衡。支撑受力点分开又比紧贴更容易保持平衡。

奇妙的建筑

你观察过桥、屋顶或教堂吗？

这些建筑物都有某部分腾空倾斜，但它们并不会掉下来。这是为什么呢？因为，它们相互支撑彼此的重量。和几个小伙伴一起，模仿这些建筑物的形态，试着保持平衡哟！

哥特式
尖肋拱顶

屋顶构架

圆顶

哥特式
飞扶壁

小建议：分开时，要慢一点儿哟！

42

平衡游戏

玩一玩平衡游戏，你能在游戏的同时探索平衡的原理，甚至还能挑战一下呢！

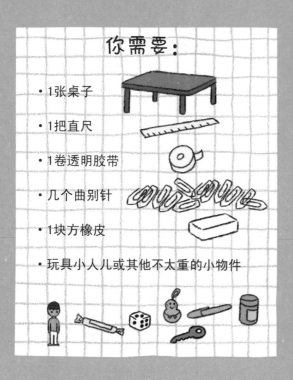

你需要：

- 1张桌子
- 1把直尺
- 1卷透明胶带
- 几个曲别针
- 1块方橡皮
- 玩具小人儿或其他不太重的小物件

来玩玩看吧！

① 找到重心。把直尺慢慢推向桌边。当它刚好要掉下去时，把透明胶缠绕在直尺和桌边接触的地方，在直尺上做好标记。

② 做一个天平。把直尺放在橡皮上。为了确保直尺处于平衡状态，橡皮应该放在什么位置呢？

什么是平衡原理呢？

做平衡游戏时，你注意到天平会向重的一端倾斜吗？就像你和爸爸玩跷跷板，爸爸的那端总会沉下去。为了保持平衡，两边需要相同重量的物品或人。

3 把玩具小人儿放在直尺的一端，会发生什么呢？如果想保持平衡要怎么做呢？让曲别针来帮助你吧！

43

做一个"杂技演员"

如果你去过马戏团，那你一定见过杂技演员走钢丝。
他们是怎么做到的呢？

 来玩玩看吧！

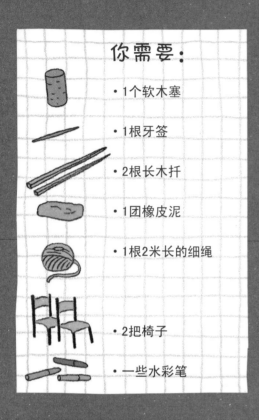

你需要：

- 1个软木塞
- 1根牙签
- 2根长木扦
- 1团橡皮泥
- 1根2米长的细绳
- 2把椅子
- 一些水彩笔

① 用水彩笔在软木塞上画出眼睛、嘴和漂亮的衣服。

② 把牙签从中间一分为二。然后，把其中一段的一半插进软木塞的下方。

③ 在两根长木扦的一端各包裹一团橡皮泥。

④ 把长木扦分别扎到软木塞下端的两侧。

⑤ 把"杂技演员"立在你的手指上。它能保持平衡吗？

为什么杂技演员走钢丝时总是拿着一根长竹竿呢？

长竹竿可以帮助杂技演员保持平衡。虽然我们看不到，但其实长竹竿两端都是有一定重量的，就像长木扦两端的橡皮泥圆球一样，而且，竹竿左右两端的重量也是相同的。

6 现在,像罗拉和提姆一样,把绳子拴在两把椅子之间,拉得直直的。然后,把你的"杂技演员"放在绳子上。你还可以用衣服夹子或者吹好的气球做出其他"杂技演员",原理是一样的哟!

一边用夹子,另一边用气球,可以吗?

我在每边都多加了一根长木扦。

一定要拉紧绳子,"杂技演员"才能保持平衡。

44

你所不知道的"声音世界"

你对身边的各种声音都很了解吗？你曾经很仔细地听过这些声音吗？

和爸爸妈妈或小伙伴一起来做实验吧，然后把结果记录在第123—124页的实验报告上。

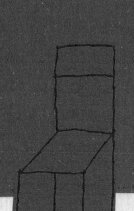

来玩玩看吧！

1 谁发出了这些声音？

在你身边和身体里有各种声音，其中有些可能你从来没有听过。你想仔细听听这些声音吗？请把你的结果记录在第123—124页的实验报告1上。

咕噜噜——
咕噜噜——

❷ 这么多声音的长度都一样吗？

　　如果你一直发出"啊——"的声音，直到快要喘不过气来为止，你所发出的就是一种连续的声音，它持续很久且不间断。如果你像鼓掌一样拍手，你所发出的就是不连续的声音，它短暂又重复。你还知道哪些声音是连续的或不连续的吗？请把你的结果记录在第123—124页的实验报告2上。

❸ 听听看，想想看

　　有些人说我们可以在贝壳里面听见大海的声音，那真的是大海的声音吗？另外，人们听到同一个声音时，会联想到完全相同的事物吗？想知道答案，就请爸爸妈妈或小伙伴和你一起做实验吧。请把你的结果记录在第123—124页的实验报告3上。

❹ 我们喜欢的声音都一样吗？

　　有些声音听起来让人很愉快，而有些声音会让我们捂起耳朵。问问爸爸妈妈或小伙伴，看看他们对不一样的声音有什么看法。请把你的结果记录在第123—124页的实验报告4上。

45

谁是静悄悄国王？
谁是闹哄哄国王？

测试各种不同的材料，看看谁是声音最小的静悄悄国王，谁是声音最大的闹哄哄国王。

放手让这些东西下落前，你需要调整手的高度，不要在底盘上方太高的位置。最重要的是，千万不要用力丢呀！

你需要：

小物件：

·1块弹珠大小的黏土

·1把金属钥匙　·1个软木塞

你也可以用1粒米、1颗弹珠······

底部容器：

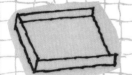

·1个金属盘（例如烤盘）·1只沐浴手套

来玩玩看吧！

❶ 让各个物件从同一高度下落，并一一落在金属盘上。

❷ 听听每个物件发出的声音。然后按照声音大小将它们排序。

❸ 再来一次，这次让东西落在沐浴手套上。听听看，这次的声音和刚才有什么不同？你还能按照声音大小排序吗？

现在由你来评选：谁是静悄悄国王？它落在什么东西上时声音最小？那闹哄哄国王又是谁？

在水中，我们也能玩闹哄哄国王的游戏吗？还是水中世界都是静悄悄的呢？

请爸爸妈妈帮你在浴缸里装水（不要太满）。你进入浴缸后，让耳朵潜到水里，鼻子和嘴巴留在水面上。

浴缸里的声音

请大人帮忙在浴缸的水里制造声音，比如把一颗弹珠丢到浴缸里，在水面下搓揉铝箔纸，在水里弄破气泡纸……

也可以利用身体在水中发出声音：把耳朵放在水里，鼻子和嘴巴露出水面，然后上下牙齿互碰，或是在水里拍手、挠挠脖子……

是谁躲在盒子里？

你能辨认盒子里面各种小东西所发出的声音吗？

放底片的小黑盒子很适合用来做这个游戏。可以请照相馆的老板帮忙留一些盒子。

你需要：

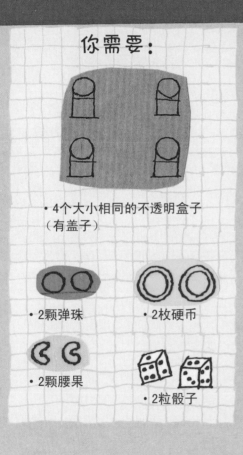

• 4个大小相同的不透明盒子（有盖子）

• 2颗弹珠

• 2枚硬币

• 2颗腰果

• 2粒骰子

来玩玩看吧！

1 把种类相同的小东西两两成对分别放到一个盒子里。

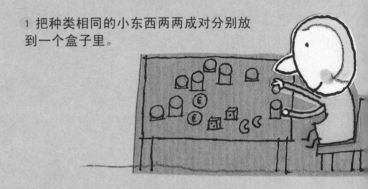

2 把盖子盖紧，然后打乱顺序。

③ 拿起每个盒子摇一摇，猜猜里面装的是什么。

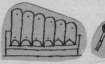

因为不同发声体的材质不同，所以它们发出的声音音色不同。

装木片的木琴和装铁片的铁琴，虽然长得像，但发出的声音不一样。

4 打开盒子确认答案。你猜对了吗？

声音记忆游戏

你一定玩过图片记忆游戏，不过你知道声音记忆游戏该怎么玩吗？

① 将所有盒子分成五组，在每组盒子里放进种类相同的小东西。

② 盖紧盖子，然后打乱顺序。

③ 把盒子排列在桌上。

游戏目标：找出两个会发出相同声音的盒子。

第一位参加者可以挑两个盒子，轮流摇一摇，听听它们发出的声音。如果两个盒子发出的声音相同，参加者就可以拿走这两个盒子，再继续拿两个新的来试试。

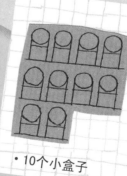

你需要：

·2颗弹珠

·2颗腰果

·2枚硬币

·10个小盒子

·2小匙米

·2小匙玉米粉

如果两个盒子发出的声音不同，就要把它们放回原位，换下一位参加者。

游戏结束时打开每个盒子，看看它们是否成对。拿到成对盒子最多的人就赢喽！

47 让玻璃杯发出各种声音

你能不能用三个一样的玻璃杯制造出不同的声音？

你需要：

- 3个一样的玻璃杯
- 水
- 米
- 果冻或酸奶
- 1支铅笔

来玩玩看吧！

1 在三个玻璃杯里各装入半杯以下物质。

水　　米　　果冻或酸奶

如果你在吃点心前做这个实验，实验结束后，就可以把果冻当点心吃了。

把杯子放在靠近桌子中间的地方，这样可以避免做实验时杯子被打破或弄湿东西哟！

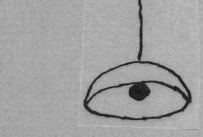

2 用两根手指拿着铅笔，轻轻敲打杯子边缘。

　　你听到的声音是一样的吗？再用不同的材料来试试。听的时候可以闭上眼睛，这样会让你更专心。

现在，你能只用水就让三个相同的玻璃杯发出不同的声音吗？

答　案

　　把三个玻璃杯洗干净后，各装进不一样多的水。
　　用铅笔轻轻敲打这三个杯子，听听它们发出的声音。

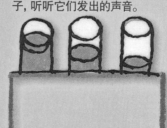

　　杯子里的水越多，发出的声音越低沉。
　　杯子里的水越少，发出的声音就越高亢。
　　你做了一个"水琴"，就像木琴一样，不过这是用水做的哟！

48

听梳子演奏音乐

用一把塑料梳子制造声音。

你需要：

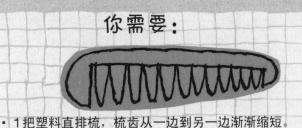

· 1把塑料直排梳，梳齿从一边到另一边渐渐缩短。

来玩玩看吧！

寻找各种让梳子发出声音的方法。

❶ 用梳子敲敲炒锅。

❷ 用手指拨动梳齿。

听听用各种方法发出来的声音，你比较喜欢哪一种？

❸ 如果用手指拨感到痛，你可以用别的东西来拨梳齿，如一张卡片、一支铅笔或一枚硬币。

只用梳子，也可以演奏乐曲哟！

把你的梳子竖起来，梳齿短的一边朝上。用手指随便拨动一个梳齿，再拨另一个……听听看，它们发出的声音不一样呢！

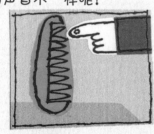

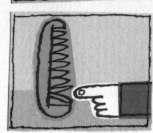

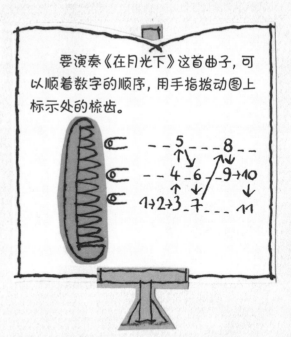

要演奏《在月光下》这首曲子，可以顺着数字的顺序，用手指拨动图上标示处的梳齿。

想要成功地演奏乐曲，你需要好好练习。如果你可以自己编一首曲子，那你就是"梳子音乐家"啦！

蹦蹦金想用梳子发出很大很大的声音，你觉得他会怎么做？

答 案

把梳子竖着放在桌上。拨动梳齿，然后听听看！

把耳朵贴在桌面上。现在你听见什么了吗？

再做一次这个实验，这次把梳子放在桌布上、书上或玻璃上。

49

小颗粒随音乐起舞了

试着让颗粒或粉末跳动，可是不能碰到它们，也不能向上面吹气。

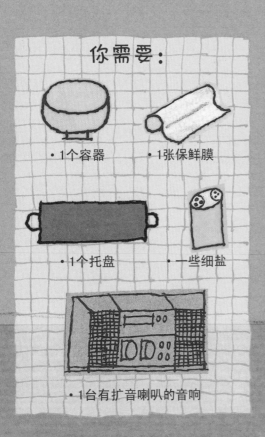

你需要：

· 1个容器　　· 1张保鲜膜

· 1个托盘　　· 一些细盐

· 1台有扩音喇叭的音响

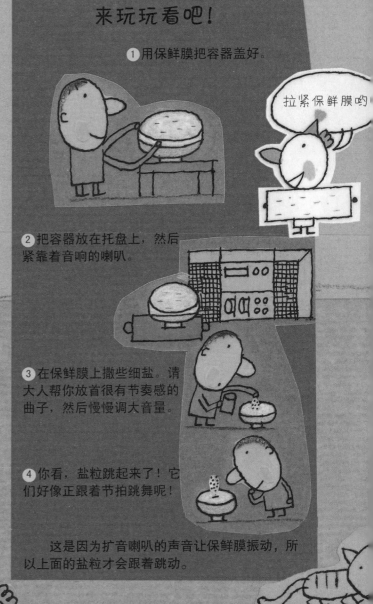

来玩玩看吧！

① 用保鲜膜把容器盖好。

拉紧保鲜膜哟

② 把容器放在托盘上，然后紧靠着音响的喇叭。

③ 在保鲜膜上撒些细盐。请大人帮你放首很有节奏感的曲子，然后慢慢调大音量。

④ 你看，盐粒跳起来了！它们好像正跟着节拍跳舞呢！

这是因为扩音喇叭的声音让保鲜膜振动，所以上面的盐粒才会跟着跳动。

在冬天的高山上，一个很大的声音有可能让整个山坡的雪震动而引起雪崩。

办一场颗粒跳远大赛!

你需要:

- 上一个实验用过的那些材料
- 一些粗玉米粉
- 一些米
- 一些干香草

来玩玩看吧!

1 在保鲜膜上画一条起跳线、一条终点线和一些跑道。

2 把起跳线放在靠近扩音喇叭的一端。

3 在每条跑道上放一种颗粒。

4 请大人帮你放音乐。

白板笔或签字笔更容易在保鲜膜上做记号哟!

小颗粒跳远大赛要开始喽!你觉得谁会赢?

如果颗粒不跳动,可能是因为太重了,或是因为保鲜膜没有绷紧。

50

声音能用手感觉吗？

你用手摸过声音吗？

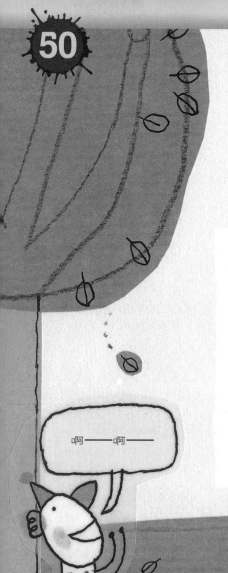

啊——啊

你需要：

· 你的身体和你的声音

来玩玩看吧！

像狼一样发出长长的声音"呜——"。把手指轻轻地平放在喉咙上（不要用力按压），还有你的脸颊。

呜——呜——

呜——呜——呜——

你可以感觉到喉咙和脸颊都在颤动。那就是你的声音所发出的振动。

身体的其他部位在你发出声音时也会振动，找找看吧！试试其他长音，如"啊——""嗡——"或"咿——"。

你的声音从哪里来？

在我们的喉咙里有两条声带。

爸爸，说"啊——"

 声带张开

 声带闭合

我们说话时，声带就会张开或闭合。它们的振动，让我们发出声音。这些声音和我们身体里的其他部位会产生共鸣。

你会不会发出好笑或吓人的声音？不能用你的喉咙，只能用身体的其他部位发声哟。

想知道怎么做吗？

首先，找小伙伴和你一起到一个安静的地方，这样可以听得比较清楚。

神秘的声音游戏

选出一个人负责出谜题，剩下的人来猜。出题人只能用自己的身体发出声音让大家猜。猜的人不能看，只能听，猜猜他是用什么部位发出的声音？如果没有人猜出来，出题人就赢了。

怎么样呀？我是怎么弄的呀？

啪啪

好笑的声音接龙

第一位参加者发出一个他觉得有趣的怪声音。
第二位参加者要重复第一个人发出的声音，然后加上一个自己的怪声音。
接下来也一样，每个人都要重复前面的怪声音，再加进一个新的怪声音。
谁先发错前一个人的声音，谁就输了。

咔嗒咔嗒　　咔嗒咔嗒　　咔嗒咔嗒

啪啪　　啪啪

砰砰砰

有很多声音是无意间发出来的，如打鼾、打喷嚏、咳嗽、打嗝儿和放屁……

让我来示范三种方法。找找看，还有别的吗？

踏踏你的脚
砰

嗒啦
用舌头发出声音

用手指发出响声
啪

51 让看不见的空气"现身"

我们能看到空气吗？
不能。但是怎样才能证明空气确实存在呢？
让空气发出声音，让空气变成风，或者让空气吹气球……
想想看，还有什么好办法能让空气"现身"？

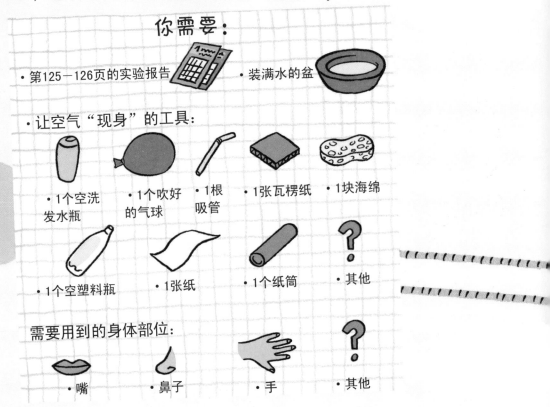

你需要：

· 第125—126页的实验报告
· 装满水的盆

· 让空气"现身"的工具：

· 1个空洗发水瓶
· 1个吹好的气球
· 1根吸管
· 1张瓦楞纸
· 1块海绵
· 1个空塑料瓶
· 1张纸
· 1个纸筒
· 其他

需要用到的身体部位：

· 嘴
· 鼻子
· 手
· 其他

来玩玩看吧！

1 选择一个实验。
2 做实验。
3 把结果记录在第125—126页相应的实验报告上。

实验1：怎样让身体感觉到空气的存在？

> 我给你扇扇风就行了吧？

> 我一点儿也没感觉到。

你可以扇风，扇风的时候就能感觉到空气在动。做第一个实验，看看哪些东西能制造让眼睛痒痒的微风和吹乱头发的强风。

实验2：怎样让空气发出声音？

> 看好了，我要让空气吹哨了。

> 怎么可能？它又没有嘴。

不动的空气是很安静的。但如果我们让空气快速地动起来，就能听到"呼呼"或"噼里啪啦"的声音。做第二个实验，看看哪些东西能让空气发出"呼呼"或"噼里啪啦"的声音。

实验3：我们能看到空气吗？

> 给空气涂上颜色就行了吧？

> 我还有个办法，用水。

我们可以让空气变成气泡来"现身"。做第三个实验，看看哪些东西放进水里能产生气泡。

实验4：发明让空气"现身"的装置！

> 你能让我的脖子感觉到风吗？

> 你会让空气吹气球吗？

你也能做出让空气"现身"的有趣装置。做第四个实验吧！

52 发射气球火箭

学习发射气球火箭，看看你能不能打破弗瑞松和小伙伴们的纪录。

来玩玩看吧！

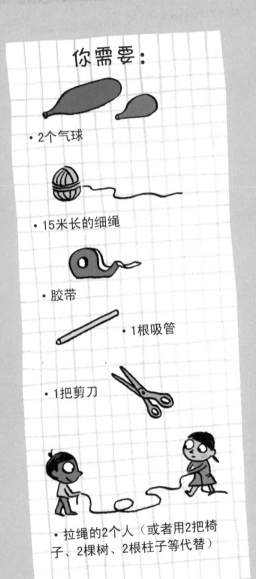

你需要：

- 2个气球
- 15米长的细绳
- 胶带
- 1根吸管
- 1把剪刀
- 拉绳的2个人（或者用2把椅子、2棵树、2根柱子等代替）

① 找个足够大的地方把细绳拉直。

② 准备好制作气球火箭的零件：

在大人的帮助下，把吸管剪成10厘米长的一段，不要弯曲的部分。

吹起一个气球，注意气球口不要打结（小窍门：在气球口套上另一个气球）。

准备两段10厘米长的胶带。

③ 开始安装气球火箭吧。你知道从哪里着手吗？把气球固定在哪儿才能让它射到目标位置呢？安装好的气球火箭应该与下方示意图相似。

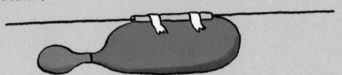

如果第一次发射失败了，别泄气，想想为什么会失败，然后再试一次、两次……哪怕是一百次。打破气球火箭世界纪录的也许就是你！

真实的火箭是像气球火箭一样发射吗？

相同之处：两种发射都是气体从尾部冲出，把火箭推出去。气球火箭和真实的火箭都利用了反作用力的原理。

不同之处：气球火箭里装的是空气，而真实的火箭利用的是燃料燃烧后产生的高温气体。

你能看见空气吗？

空气无处不在，但我们既看不见，也摸不着。
如果你想看见空气，就只能通过实验啦！

来玩玩看吧！

你需要：

• 1个大人

• 1个装满水的透明容器

• 1个很薄的透明塑料袋

• 1根牙签

1 把塑料袋装满空气，并在袋子的提手处打个结。

2 请大人把封好口的袋子压到水底。然后，用牙签在袋子上扎一个小洞。这时候你会看到什么现象呢？

3 观察一下小泡泡从哪里跑出来。你认为怎样才能让小泡泡消失呢？

不要玩儿塑料袋，太危险啦！

小泡泡是什么？

当然是空气啦！空气难溶于水。当我们把袋子放进水中时，空气就会从小孔中跑出来形成泡泡，这样我们就看见空气了。

54 风中行船

做一只小船，吹着它，让它在水中行驶。

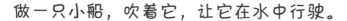

你需要：

- 1张铝箔纸

- 1根吸管

- 1个空的小塑料瓶

- 1个装满水的盆

- 1个水杯或者1块高度略低于盆高的小石头

来玩玩看吧！

① 用铝箔纸叠一只小船。为了能驶进小塑料瓶，小船得足够小。

② 把水杯或者小石头放在水盆中间，在水盆里设置一条环形路线。小塑料瓶就成了小船停靠的"港口"。

③ 用吸管吹风，让小船绕过水杯或者小石头驶进小塑料瓶里。不能让它碰到水杯、小石头或水盆边哟！

用风画画

发挥你的想象力，用吸管吹开颜料去创造各种花草和人物吧！

你需要：

- 很稀的颜料或者彩墨
- 1支毛笔
- 1根吸管
- 1张白纸

来玩玩看吧！

① 用毛笔蘸上颜料或彩墨滴到纸上。

围上围裙，找个不怕弄脏的地方画吧！

② 用吸管吹开颜料或彩墨，就可以自由创作了。

吹得太卖力，有时会头晕。

这种现象很正常。多次长时间的吹气后，我们会消耗掉肺里大量的气体，导致二氧化碳含量降低。呼吸中枢受到的刺激减弱进而使吸入的氧气减少，造成大脑暂时缺氧。这时你应该休息一会儿，坐下来，平静自然地呼吸。

56

让小球悬浮在空中

让小球悬浮在空中，看看它能持续多长时间。

你需要：

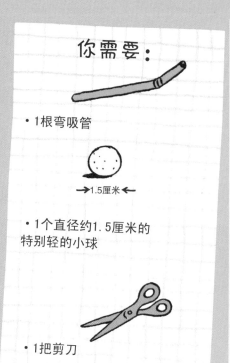

- 1根弯吸管

→1.5厘米←

- 1个直径约1.5厘米的特别轻的小球

- 1把剪刀

来玩玩看吧！

剪开的长度要相同。

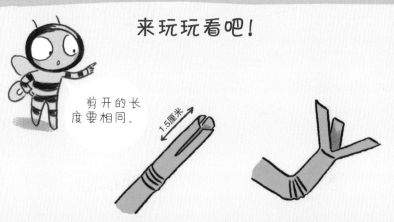

① 在大人的帮助下，在弯吸管短的那一端剪三下。

② 把三部分分别向外折，像三个分开的花瓣，然后把吸管弯成一个直角。

③ 把小球小心地放在三个"花瓣"中间，然后吹气，看看小球能在空中悬浮多长时间。

挑战冠军

你能在吸管向下倾斜的情况下还让小球悬浮吗？这很难做到，但是经过多次练习，也还是有可能实现的哟！

57 制作空气罩

使用空气罩让大土豆在水中悬浮。

来玩玩看吧！

你需要：

- 1个透明的空塑料杯或者1个空的塑料酸奶杯

- 1根粗的橡皮筋

- 1个大土豆

- 1根弯吸管

- 1个较深的塑料盆或者1个装满水的锅

① 先把土豆放在水里试试，确认它能够沉在水底。

② 用橡皮筋把塑料杯紧紧地绑在土豆上，塑料杯相当于空气罩。

③ 把土豆和空气罩放在水底，调整方向让罩子里注满水。

④ 折弯吸管，把吸管一端放在罩子里，然后轻轻地吹气，土豆就浮上来了！

你还可以发明空气罩的各种玩法。

我要让两个勺子浮上来，然后再让一块石头浮上来。

我要把一个小玩偶放在罩里当潜水员。

气球或者空气罩，在水里都可以发挥很大的作用。

考古学家的气球
　　一些考古学家用气球抬起海底笨重易碎的物体。他们把大气球绑在物体上，然后缓缓地给气球充气，物体就轻而易举地浮上来了。

潜水员的空气罩
　　为了方便水下作业，潜水员曾长期使用空气罩。空气罩里有空气，潜水员可以进到里面呼吸和休息。

58

用吸管运水

你能用一根吸管和一只手给杯子装满水吗？
也许空气能帮助你。

来玩玩看吧！

1 把水杯和瓶子放在托盘上。

你需要：

· 1个装满水的瓶子（不带盖儿）

· 1个空水杯

· 1根直吸管

· 1个能防止把水弄得到处都是的托盘

2 一只手拿着吸管，另一只手放在背后。

一只手要放在背后，不能把吸管放在嘴里，也不能折叠或压平它。

你能在不动杯子和瓶子的情况下，给杯子装满水吗？
如果你不看第127页的答案就能做到，那你就太聪明啦！

59 阻止有孔的水瓶漏水

你能只用瓶盖儿就阻止有孔的水瓶漏水吗？
也许空气能帮助你。

你需要：

- 1个带盖儿的空水瓶

- 1个塑料盆

- 水

- 1把剪刀

来玩玩看吧！

1 在大人的帮助下，如右图所示，在水瓶下部开个小孔，然后把水瓶放在水盆里，拧开瓶盖儿。

2 把水瓶注满水。观察一下，漏水了吗？

不能用手指或者胶带堵住小孔。

只能用瓶盖儿。

你能只用瓶盖儿就阻止漏水吗？
如果你不看第127页的答案就能做到，那你就太聪明啦！

60 让酸奶杯在气流上滑行

不要用手碰，试着用吸管让酸奶杯滑行。
快和小伙伴们一起进行酸奶杯气垫船比赛吧！

你需要：

- 每人1个空的、干净的塑料酸奶杯

- 每人1根吸管

- 1把剪刀

- 小伙伴

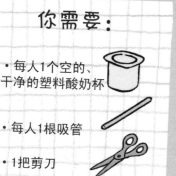

来玩玩看吧！

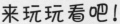

① 在大人的帮助下，在酸奶杯底部开一个直径约2厘米的孔。

② 把酸奶杯倒过来放在光滑的平面上。用吸管在孔的上面吹气，让酸奶杯快速滑动。反复练习，酸奶杯滑得越快越好。

大家都准备好了吗？开始酸奶杯气垫船比赛吧！

终　点

当你向酸奶杯的小孔吹气时，酸奶杯会不会左右晃动或者上下跳动？

那是因为它正在气流上浮动。
空气都从酸奶杯底部往外跑，使得杯子边缘向上翘。把沾湿的手指放在酸奶杯杯口旁边，你就能感觉到气流了。

沾湿的手指

有一些很大的船就是依靠气流在水面航行的。
这就是气垫船。在气垫船底部有很多空气，这些空气让船浮在水面上。这样船依靠气流就能轻松在水上行驶了。

实验9 "制作一个阿骨——小小骷髅人"纸模型

　沿虚线剪下以下部分。为了让阿骨更加坚固，你可以在剪下之前将这张纸粘在一张轻纸板上。

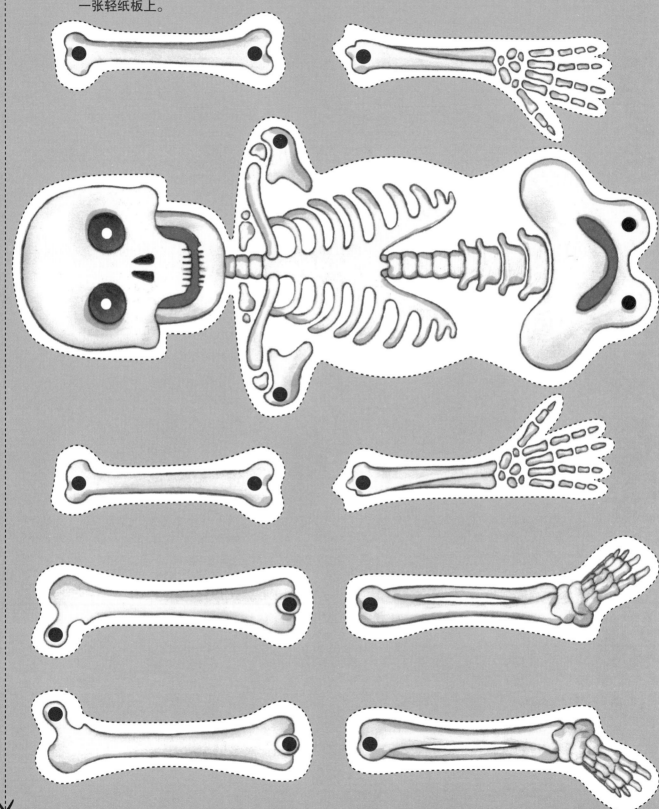

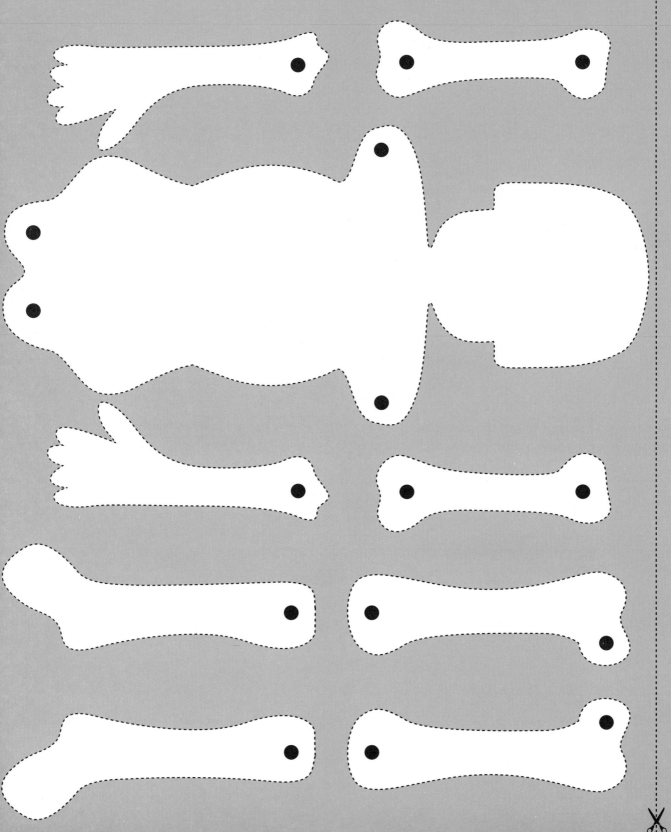

请沿虚线剪下实验18"如何唤醒沉睡的种子？"实验报告。

1 实验报告

种子在黑暗中也能发芽吗？

实验步骤：

· 给两个相同的容器标上号码。
· 分别装入半杯泥土。
· 在每个容器里放六颗种子，并轻轻地把它们压进泥土中。
· 浇一点儿水。
· 将1号容器放到黑暗的地方，2号容器放到阳光的地方，但是不要直接暴晒在阳光下。

· 定时浇水，让泥土保持湿润。四天后，把结果记录在背面。

2 实验报告

种子没有泥土也会发芽吗？

实验步骤：

· 给两个相同的金属瓶盖儿标上号码。
· 1号瓶盖儿中填入泥土，2号瓶盖儿中放入棉花。
· 每个瓶盖儿里放入六颗种子。
· 浇一点儿水，然后把瓶盖儿放到有阳光的地方，但是不要直接暴晒在阳光下。

· 定时浇水，泥土和棉花都必须保持湿润。四天后，把结果记录在背面。

3 实验报告

水浇得越多，种子就会长得越好吗？

实验步骤：
· 给三个相同的容器标上号码。
· 分别装入半杯泥土。
· 每个容器里放六颗种子，并轻轻地把它们压进泥土中。
· 将容器放到有阳光的地方，但是不要直接暴晒在阳光下。
· 浇水的方式如下：

不浇水（泥土保持干燥）　定时正常浇水（泥土保持湿润）　大量浇水（把水倒满整个容器，淹过种子）

· 四天后，把结果记录在背面。

4 实验报告

种子能在寒冷的环境中发芽吗？

实验步骤：
· 给两个相同的容器标上号码。
· 分别装入半杯泥土。
· 每个容器里放六颗种子，并轻轻地把它们压进泥土中。
· 浇一点儿水。
· 将1号容器放到冰箱里，2号容器放在空气流通的架子上，不要让阳光晒到。

-2°C　冰箱内的温度　室内温度　20°C

· 定时浇水，让泥土保持湿润。四天后，把结果记录在背面。

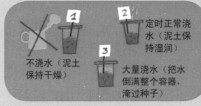

实验报告

种子没有泥土也会发芽吗？

结果		
	1号瓶盖儿（泥土组）	2号瓶盖儿（棉花组）
四天之后，多少种子发芽了？		
十天之后，幼苗的生长情形好吗？		

羽儿和阿土，谁说得对？

实验报告

种子在黑暗中也能发芽吗？

结果		
	1号容器（黑暗组）	2号容器（阳光组）
四天之后，多少种子发芽了？		
十天之后，幼苗的生长情形好吗？		

羽儿和阿土，谁说得对？

实验报告

种子能在寒冷的环境中发芽吗？

结果		
	1号容器（低温组）	2号容器（室温组）
四天之后，多少种子发芽了？		
十天之后，幼苗的生长情形好吗？		

羽儿和阿土，谁说得对？

实验报告

水浇得越多，种子就会长得越好吗？

结果			
	1号容器（干燥组）	2号容器（潮湿组）	3号容器（淹水组）
四天之后，多少种子发芽了？			
十天之后，幼苗的生长情形好吗？			

羽儿和阿土，谁说得对？

请沿虚线剪下实验25 "美丽星空探索之旅" 实验报告。

1 分辨不同的光

仔细观察，把你看到的光在表格上记录下来。

恒星 发出的光微微闪烁，有时稍带颜色。	日期： 时间： 地点：
行星 发出的光不闪烁。肉眼较容易看到的行星有火星、金星、木星、土星。	日期： 时间： 地点：
动物眼睛 发出的是两道光，在贴近地面的地方移动，会消失。	日期： 时间： 地点：

2 寻找大熊星座

寻找由七颗星星组成的类似平底锅形状的星座。

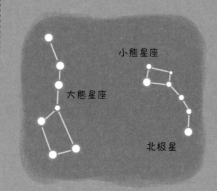

小熊星座

小熊星座与大熊星座形状类似，但面积要小一些。北极星位于小熊星座的末端。

3 发现一颗流星

如果你遇到了罕见的天象，就在表格上记录下来。

有些天象会有预报，可以让父母提前告诉你。

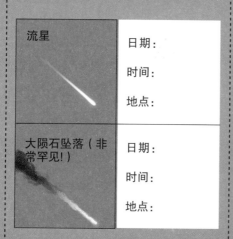

流星	日期： 时间： 地点：
大陨石坠落（非常罕见！）	日期： 时间： 地点：

大熊星座

这一组星星（人们叫它"星座"）有好几个不同的名字。选一个你最喜欢的吧，或者自己给它起个名字。

大熊星座

搬运车星座

平底锅星座

单峰驼星座

北极星

它指示北极的方向，离我们非常遥远，它的光线需要430年才能到达地球。如果它今晚发生爆炸，我们要等上430年才能看到爆炸发出的亮光。

飞机 由三个闪烁的亮点组成，一个绿色，一个红色，一个白色，移动速度非常快。	日期： 时间： 地点：
卫星 呈白色，微微发光，慢慢地划过天空。	日期： 时间： 地点：
空间站 和卫星类似，但更明亮。	日期： 时间： 地点：
房屋和路灯 发出的光接近地面，不会动。	日期： 时间： 地点：

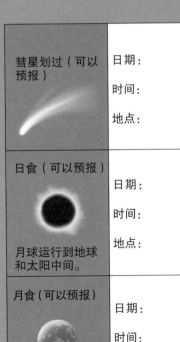

彗星划过（可以预报） 划过的彗星图	日期： 时间： 地点：
日食（可以预报） 月球运行到地球和太阳中间。	日期： 时间： 地点：
月食（可以预报） 地球运行到太阳和月球中间。	日期： 时间： 地点：

请沿虚线剪下实验44"你所不知道的'声音世界'"实验报告。

1　实验报告

房间里哪些东西会发出声音？你能在距离它们多远的地方听到？

	一步的距离	耳朵贴在上面	我什么也没听见
冰箱的声音			
浴缸中泡泡的声音			
水中冰块的声音			
牛奶里麦片的声音			

找出房间里的其他声音吧！

2　实验报告

这么多声音的长度一样吗？

听听看：

· 玻璃杯里的声音　

· 电话挂断后的声音　

· 闹钟的滴答声　

· 某人的心跳声　

· 汽车开过的声音　

· 虫子飞行的声音　

把你听到的结果记录在实验背面的表格里。

3　实验报告

听听看，想想看

你需要：

· 1个卫生纸的卷芯（短）

· 1个中号保鲜袋的卷芯（中）

· 1个礼物包装纸的卷芯（长）

这个实验适合好几个人一起做。每个人轮流把卷筒的一端对着耳朵认真听。听过之后，把这个声音让你联想到的东西说出来、写下来或画出来。是风的声音、火车的声音、小溪的声音、飞机的声音，还是其他东西的声音呢？

请每个人把自己的结果记录在实验报告背面的表格里。

4　实验报告

我们喜欢的声音都一样吗？

这个实验适合好几个人一起做。参加者可以画出下面这些表情来表达自己对不同声音的意见：

我喜欢　

我不喜欢　

不一定　

请每位参加者在实验报告背面的表格里画出表明自己意见的表情。

实验报告

如果听到连续不间断的声音，就在"连续的声音"格子里做记号。如果听到短暂且重复的声音，就在"不连续的声音"格子里做记号。

	连续的声音	不连续的声音	不一定
玻璃杯里的声音			
电话挂断后的声音			
闹钟的滴答声			
某人的心跳声			
汽车开过的声音			
虫子飞行的声音			

实验报告

身体里哪些地方会发出声音？你是在距离它们多远的地方听到的？

	一步的距离	耳朵贴在上面	我什么也没听见
某人的心跳声			
某人肚子里的声音			
某人耳朵里的声音			
某人吃薯片的声音			

找找看，身体还有什么地方可以发出声音?

实验报告

请每位参加者在下面的表格里画出表明自己意见的小脸。

	1号参加者	2号参加者	3号参加者	4号参加者
雨声				
雷声				
烟火的声音				
狗吠声				
消防车警铃声				
门吱吱作响的声音				

实验报告

每个人把自己联想到的东西写在或画在下面的表格里。

	卫生纸卷芯	保鲜袋卷芯	礼物包装纸卷芯
1号参加者			
2号参加者			
3号参加者			
4号参加者			

事实上，你听到的是空气在卷芯的筒壁上流动和反弹的声音。

请沿虚线剪下实验51"让看不见的空气'现身'"实验报告。

1 实验报告

怎样让身体感觉到空气的存在？

看看哪些东西能制造让眼睛痒痒的微风和吹乱头发的强风。

我制造……	强风	微风	没有风
1个空洗发水瓶			
1个气球			
1根吸管			

2 实验报告

怎样让空气发出声音？

看看哪些东西能让空气发出"呼呼"或"噼里啪啦"的声音。

我听到……	噼里啪啦的声音	呼呼的声音	没有声音
1个空洗发水瓶			
1个气球			
1个空塑料瓶			

3 实验报告

我们能看到空气吗？

看看哪些东西放进水里能产生气泡。

我可以看到……	有气泡	没有气泡
1个空洗发水瓶		
1个气球		
1个空塑料瓶		

4 实验报告

发明让空气"现身"的装置！

你也可以想想让空气"现身"的方法，然后把它画出来。

气球
切开的塑料瓶
把塑料瓶放在水里，气球就鼓起来了。
水

空洗发水瓶
吸管
按压
给脖子吹风的装置

怎样让空气发出声音?

我听到……	噼里啪啦的声音	呼呼的声音	没有声音
1块海绵			
嘴			
1个纸筒			
1根吸管			
手			

空气从物体中出来的方式不同，产生的声音也不同。

怎样让身体感觉到空气的存在?

我制造……	强风	微风	没有风
1张瓦楞纸			
嘴			
鼻子			
1张纸			
手			

风原来是可以跑来跑去的空气。

发明让空气"现身"的装置!

这个高招儿的设计者是:

我们能看到空气吗?

我可以看到……	有气泡	没有气泡
1块海绵		
1张纸		
手		
1个空塑料瓶		
1张瓦楞纸		

气泡就是装着空气的"包裹"，它们会一直升到水面。

126

你已经完成书中的实验了吗？

这些实验都很神奇吧？

没错，而且它们都蕴含着大道理。

在实验过程中，你遇到了许多化学反应，运用了重要的物理原理，像生物学家一样发现了身边不可思议的事情……

答案

第41页

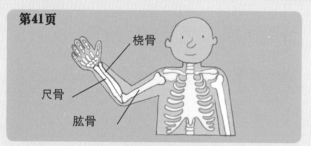

桡骨

尺骨

肱骨

第48页

实验1：

种子在黑暗中也能发芽吗？

可以，但是只能在刚开始的几天。当种子中的养分用尽了，植物就需要借助阳光来制造新的养分，不然它就会死去。

实验2：

种子没有泥土也会发芽吗？

刚开始的几天，植物可以依靠种子中储藏的养分生存。可是，一旦养分用尽了，它就需要阳光、水和泥土才能继续生长。

实验3：

水浇得越多，种子就会长得越好吗？

不一定，因为那样它的根就没有办法呼吸了。大多数的花盆底下都有一些小孔，就是为了排出多余的水分。

实验4：

种子能在寒冷的环境中发芽吗？

不能。它会使种子进入休眠状态，就像冬天来临时一样。种子要等气温回升到适当温度时，才会发芽。

第75页

先将三个小金字塔摆成三角形。

再将最后一个金字塔放在三个金字塔上方。

最后，用三根绒线绳固定就完成了。

第114页

把吸管插入瓶子里让它注满水。

用手指堵住吸管上端，然后把吸管从瓶子里拿出来。

松开手指，水就流入杯子了。

如果不行，试试用粗一点儿的吸管。

为什么空气能帮你运水呢？因为空气在挤压吸管。

你用手指堵住吸管上端的时候，空气顶住吸管下端不让水流出来。

你松开手指的时候，空气挤压吸管上端让水流了出来。

第115页

你拧紧瓶盖儿后，在不按压瓶子的情况下，是不会漏水的。

为什么水没有从孔里流走呢？因为空气挤压着那个孔。

由于重力，水都涌向瓶子下部。水本来应该顺着孔流走，但是如果瓶盖儿被拧紧了，瓶子外部的空气就只能紧紧地挤压着那个小孔，水就流不出去了。

如果把瓶盖儿拧下来，空气就会从瓶口进入瓶子。水和空气一起向下压，力量很大，水就会从小孔流出去了。